U0164524

家庭食譜四編

第一章 點心

第一節 水桃酥

材料

乾麪一升。　菜油一碗。　白糖六兩。

器具

平底鑊一只。　爐一只。　五箇圓形板一塊。　刀一把。　有柄鐵鍋一只。　盤一只。

製法

將麪粉用熬熟之菜油及白糖一同搨拌。粉須略帶硬爽。放入圓形板內撳結。再用刀削平。脫出。然後攤入平底鑊中。燃火燻之。另以有柄鐵鍋合在火上燒熱覆合烘之。爐內再燃一箇草團卽佳。

注意

本食品形如龜裂細紋食之酥鬆而可口。

第二節　杏仁酥

材料

麫粉一升。　甜杏仁二兩。　白糖六兩。　葷油一碗。

器具

平底鑊一只。　爐一只。　有柄鐵鍋一只。　缽一只。　圓形模一塊。

刀一把。　盤一只。

製法

將麫粉加白糖葷油入缽拌上粉宜略硬。摘塊搓成圓形放入模內。用手撳之。脫出上加杏仁三四粒攤入鑊中用兩箇火盆上下烘之片刻即成。

注意

本食品形同水桃酥。惟略爲大也。

第三節　蔴糰

材料

白芝蔴半升。　糯米粉二升。　荳砂一碗。　豬油四兩。

器具

油鍋一只。　火爐一只。　鐵絲爪籬一把。　盤一只。

製法

將糯米粉用水拌和。摘成糰殼搓圓搯空中包荳砂餡及二三糖淸豬油小塊用左手托住右手以大拇指食指捺緊搭牢再搓成圓形四周滾以白芝蔴然後投入熱油鍋煠之。煎至四面皆黃卽就。

注意

若不用甜心用鹹餡（即肉餡）代之皆可隨意行之。

第四節　油癲糰

材料

糯米粉一升。　眞粉一杯。　菜油二斤。　白糖半斤。

器具

油鍋一只。　火爐一只。　鐵絲爪籬一把。　盤一只。

製法

將糯米粉用眞粉清水拌和。摘成塊塊用手撳成長方形。然後兩手絞轉入熱油鍋內煠之。煠至黃透撈起瀝乾油質乘熱拌以白糖。務使四周徧塗白糖食之甚爲甜韌。

注意

本食品用眞粉可以來發足。

第五節　荸薺糕

材料

嫩荸薺三斤。　蕶荳粉半升。　白糖三兩。　葷油三兩。

器具

鍋一只。　爐一只。　刀一把。　銅鉋一箇。　鑢刀一把。　缽一只。　洋盆一只。

製法

將荸薺摘去其芽。用刀扦皮。再用銅鉋刮成漿汁。拌以蕶荳粉。使成薄糊。然後倒入油鍋中。用鑢刀徐徐攪之。見其已經濃厚。加下白糖不滿三四分鐘盛起涼冷。俟凝結後切成長塊。再用葷油煎之。味美勝逾荸薺餅。

注意

材料用藕昭之尤爲可口。

第六節　麥糕

材料

小麥一升。　玉盆糖一斤。　紅綠絲若干。　桂花香料少許。

器具

鍋一只。　爐一只。　鑱刀一把。　淘籮一只。　木盤一只。　刀一把。　盆一只。

製法

將小麥浸胖入籮淘淨入鍋加清水煮之。燒成薄粥。然後和以白糖同時再加桂花再燒一透鑱入盤內上面以紅綠絲鋪面俟冷凝結用刀碎成條塊裝於盆中歓之其味清爽適口。

注意

紅綠絲卽對丁。

第七節　葡萄糕

材料

葡萄乾一小包。　糯米粉一升。　玉盆糖六兩。　豬油二兩。　桂花香料少許。

器具

鍋一只。　爐一只。　甑籠一只。　缽一只。　刀一把。　筷一雙。　盆一只。

製法

將糯米粉同白糖加清水入缽拌好。然後放入甑中。蒸之甫透啟籠加以葡萄乾桂花及白糖洎之豬油小塊撳平鋪在面上再關甑籠燒一

七

7

二透。即可啟籠用刀塊切之。顏色黃白紫相間。非常美觀也。

注意

葡萄乾有有核無核二種。味皆甘香。含有天然之鐵質與糖質甚富。

第八節　菱荳糕

材料

菱荳一升。　荳砂一碗。　豬油六兩。　白糖四兩。

器具

鍋一只。　爐一只。　鏟刀一把。　缽一只。　模型一具。

製法

將菱荳浸胖入鍋煮爛。去其殼皮。和入葷油白糖等拌之。然後包以荳砂餡入模型刻成牌塊。卽成菱荳糕。酥甜清香可以果腹充飢

注意

本食品內包荳砂餡加以白糖洧之豬油小塊尤佳。

第九節　穀荳糕

材料

穀荳二升。　麫粉二升半。　黃糖一斤半。

器具

砂鍋一只。　風爐一箇。　鏟刀一把。　盤一只。

製法

將穀荳洗淨。加淸水下鍋。煮爛成酥。卽可放入麫粉黃糖。用鏟調和。倒入盤中以手搓成肉餅子狀冷食亦佳。

注意

鄉間輒於中元節以之祭祖亦風俗也。

第十節　板油糕

九

9

材料

板油一斤半。　糯米粉五升。　白糖三斤。　桂花香料若干。

器具

鍋一只。　爐一只。　籠一只。　小甌一只。　盤一只。　刀一把。　盆一只。

製法

將糯米粉用白糖拌濕。上小甌蒸熟。乘熟取出搦和中間夾以豬油捲好後糕面上再按着豬油桂花藏於盤內未幾用刀切片鋪在盆內蒸沸騰後餤之味頗肥美。

注意

板油糕有紅白二種。再有用薄荷做成者。名曰薄荷板油糕。色帶淡黑。而味清涼。

一〇

第十一節 條頭糕

材料

糯米粉一升。 白糖六兩。 桂花香料少許。

器具

鍋一只。 爐一只。 小甑一只。 磁鉢一只。 刀一把。 盤一只。

製法

將糯米粉同白糖溫水拌好。上甑蒸熟。倒入磁鉢內用力搗之以極和為度。然後搓成長條用刀切三四寸長之條子攤入盤內。按上桂花即可食矣冷食熱食均佳

注意

熱天可免用溫水而用冷水矣。

第十二節 醬黃糕

材料

蠶荳一升。　乾麪粉一升。　白糖少許。

器具

鍋一只。　爐一只。　鏟刀一把。　缽一只。　盆一只。

製法

將蠶荳浸一夜。剝成荳瓣。入鍋加清水煮之。煮爛成糜。盛入乾麪缽內。俟稍冷拌之。然後用刀切成條塊。上鍋蒸透。蘸糖食之。亦可充飢。

注意

本糕爲做甜醬之作料。大都在做醬時食之。平時不食。

第十三節　木梳糕

材料

糯米粉半升。　黃糖四兩。　菜油桂花少許。

器具

鍋一只。　爐一只。　鏟刀一把。　缽一只。　盆一只。

製法

將糯米同燒烊之黃糖水拌和。惟黃糖水須用爪籬漏脚以防有砂質夾在其間食之不佳再放少許桂花用手搓圓捺長成長條狀然後入鍋加菜油煎之。（為經濟計用水花油亦可）煎黃後加清水煮熟啟蓋取食其味平常。

注意

本食品名木梳糕。而形獨異不知何所見而云然。

第十四節　棗泥餅

材料

糯米粉一升。　紅棗子一斤。　文冰四兩。　松子肉一兩。　瓜子肉一

材料

胡桃肉一兩。　桂圓肉一兩。　豬油二兩。　桂花二錢。

兩。

器具

鍋一只。　爐一只。　淘籮一只。　臼一只。　缽一只。　碗數只。

製法

將紅棗入鍋煮熟。用淘籮擦去其皮。取出棗核。連汁搗成棗泥。再加水
煎之極爛。逐成薄漿。同糯米粉摙和搓長。以小塊用文冰松子肉瓜子
肉胡桃肉桂圓肉豬油桂花等混合一處研成細粒。內裹作餡搓成圓
形入鍋蒸之。蒸熟卽可噉矣。

注意

本食品之色之香之味。埒於續編之棗糕。

第十五節　酒釀餅

材料

白麪粉二升。　甜酒釀一鉢。　玫瑰醬一碗。　白糖六兩。　鹼水少許。

器具

平底鑊一只。　炭爐一只。　鉢一只。　刀一把。　碗一只。

製法

將白麪粉和甜酒釀。加些清水拌和。灑些鹼水。待其發酵。卽可搓長切成小塊。用手捺扁包入玫瑰醬和白糖搓圓捺扁入鑊烘之。烘黃可食。

注意

若用白酒脚作酵。用豬油作心亦美。

第十六節　山芋餅

材料

山芋粉一升。

器具

鍋一只。　爐一只。　甑一只。　缽一只。　碗一只。　銅瓔一箇。

製法

將山芋粉先入缽中。和以清水一碗。拌成乾燥適宜之漿糊。用銅瓔（厚約一二寸）將粉撳結即成圓餅。然後裝入甑中上鍋蒸之。蒸熟即可啖矣。

注意

若加藏甜鹹等餡食之亦味美。山芋富有小粉質。爲根榮植物。

第十七節　蕎粉餅

材料

蕎粉一碗。　葷油半兩。　醬油半兩。　大蒜葉二枝。

器具

鍋一只。　爐一只。　鏟刀一把。　小缽一只。　筷一雙。　碗一只。

製法

將蕎粉加熱水入鉢拌和用筷向一面攪和順著絲縷掏去然後攤入鍋中煮成薄餅乃以手撕成小塊加葷油煎之旋加醬油起鍋再加大蒜葉屑噉之能使口角生津焉。

注意

本食品在攪拌時不可逆攪烹調者注意。

第十八節　蟹殼餅

材料

麪粉一升。　豬油二斤。　酵粉半杯。　食鹽靑葱少許。　白糖六兩，白芝蔴三合。

器具

火爐一只。　鉢一只。　趕鎚一筒。

製法

將麵粉酵粉和葷油加以食鹽青葱拌和之然後摘成小塊包以白糖豬油小塊用趕鎚滾成餅子面上徧塗白芝蔴入爐烘熟啖之酥鬆可口。

注意

本食品再可以不用白糖豬油心而用鹹釀葷油易以蔴油拌之亦能成酥。

第十九節　葡萄餅

材料

乾麵粉二升。　葡萄乾四兩。　葷油一斤半。　板油半斤。　玉盆糖十兩。　桂花香料少許。

器具

烘架一箇。　炭爐一只。　磁缽一只。　趕鎚一箇。　盆一只。

製法

將乾麪粉分爲二份。一份占一升二合。一份占八合。再以一升二合之粉用油三水七拌濕。以八合之粉用油七水三拌濕。然後搓成長條摘成相等塊數。以大者包其小者。一如糰然。再扁之趕長用手捲之豎直撳扁包以葡萄乾白糖板油桂花等爲餡。做成薄餅卽上烘架。以炭火烘之候黃卽成。

注意

食之極易消化。功能補血。

第二十節　藕夾餅

材料

腿花肉一斤。　笋屑一杯。　蝦仁一杯。　蝦子醬油一兩。　陳黃酒一兩。　食鹽葱薑少許。　嫩藕二枝。　麪粉漿一大碗。　葷油一斤。

器具

油鍋一只。　爐一只。　刀一把。　大碗一只。　筷一雙。　大洋盆一只。

製法

將腿花肉同笋屑蝦仁用刀剁爛入碗加下醬油黃酒葱薑等拌之。再將藕刮皮後擦以食鹽須央切成一分厚之薄片再剖爲二不可剖斷相連處約闊三四分中間夾以肉腐卽入麪粉碗滾之然後放入熱油鍋中氽之至黃熟卽佳。

注意

氽時須時時翻動以免焦枯。

第二十一節　湯包餅

材料

乾麪一升。　青葱五枝。　食鹽二錢。　赤砂糖六兩。　菜油少許。

器具

鍋一只。　爐一只。　鏟刀一把。　刀一把。　磁缽一只。　盆一只。

製法

將乾麪加葱屑鹽花和清水拌之摘成大小適宜之塊。搓成圓形。包以砂糖餡入鍋加水花油煎之。再加砂糖水煮之。煮熟可食其味椒鹽甜鹹適口。

注意

若用黃糖烊糖水後必須澂腳方可。

第二十二節　二舖麪餅

材料

二舖麪半升。　石灰水少許。　食鹽一撮。　黃糖三兩。

二舖麪二升。

器具

飯鍋一只。　爐一只。　鏟刀一把。　盆一只。

製法

將二舖麴和以石灰水食鹽清水拌濕中包黃糖爲餡搓圓捺扁貼於飯鍋四周邊上然後蓋鍋蓋煮之。飯熟亦熟本食品爲粗點心味不甚佳聊以充飢耳。

注意

二舖麴卽麩皮麴拌來須帶濕。包時須緊閉。否則糖露漏出矣若糖中加些乾麴粉可免此患。

第二十三節　糖糟餅（二）

材料

淘米粉一升。　酒釀糟半杯。　赤砂糖六兩。　菜油一兩。　桂花香料

少許●

器具

鍋一只。　爐一只。　鏟一把。　缽一只。　盆一只。

製法

將淘米粉和酒釀糟加清水拌濕。摘成塊塊。搓成圓形。然後入鍋加菜油煎之。煎至兩面稍黃加下赤砂糖桂花及清水關蓋燒二透即可供食矣。

注意

淘米粉卽糯米粉。菜油不必用來過多。如用水花油亦可。水花油卽油中加清水成之。

第二十四節　糖糟餅（二）

材料

糯米粉一升　豬油三兩。　白糖二兩。　赤砂糖半斤　桂花香料少許。

器具

平底鍋一只。　火爐一只。　鏟刀一把。　磁缽一只。　盆一只。

製法

將糯米粉加清水拌之。拌濕後做成糰子中包以白糖豬油桂花等然後將赤砂糖烊成水先入鍋中再將糰子放入上面再加砂糖蓋面關蓋燒熟其味甜香可口。

注意

拌粉用水。以時令爲反比例。如夏時用冷水冬時用溫水。此不易之法也。

第二十五節　杏仁湯（一）

材料

甜杏仁半升。　苦杏仁五六粒。　玉盆糖三兩。　桂花香料少許。

器具

鍋一只。　爐一只。　臼一只。　鑹刀一把。　調羹若干把。　杯子若干只。

製法

將甜杏仁苦杏仁用水浸一日。剝去皮尖。用臼舂之成泥。然後入鍋加清水煮之。燒一透加以白糖桂花用鑹徐徐攪之。候其濃膩卽可分杯盛之。杯中置一匙以供取飲。吾鄉酒席上常作各客點心之用。

注意

苦杏仁不可多用以防有毒質而損人也。

第二十六節　杏仁湯(二)

材料

甜杏仁一碗。　苦杏仁五粒。　糯米一碗。　玉盆糖半斤。　牛奶少許。

器具

鍋一只。　爐一只。　鏟刀一把。　手磨一具。　匙一把。　碗一只。

製法

將甜杏仁去其皮尖。復加苦杏仁。入磨加清水牽之成泥。又將糯米牽成水粉一同入鍋煮之。煮甫沸加白糖用鏟速即攪勻。滴入牛奶即可起鍋供食矣。

注意

入鍋時。杏仁汁和糯米汁若嫌其太濃。可酌加清水以調濟之。

第二十七節　橘酪羹

材料

甜蜜橘十只。　玉盆糖二兩。　桂花香料少許。

器具

鍋一只。　爐一只。　鏟刀一把。　調羹一把。　杯子一只。

製法

將甜蜜橘去其外裏皮及筋核純取其瓤。入鍋加清水煎之。煮三四分鐘。和入白糖桂花引鏟調和成薄糊狀卽佳裝杯供飲鮮甜可口。

注意

飲之開胃。令人神往。

第二十八節　楂糕羹

材料

楂糕一方。　玉盆糖半兩。　桂花香料少許。

器具

鍋一只。　爐一只。　鏟刀一把。　調羹一把。　杯子一只。

製法

將清水入鍋。先燒一透。即將楂糕放下。用鏟攪和後和以白糖桂花。燒至濃厚時即可啗矣。筵間亦用之。

注意

本食品功能解醉。按楂糕即山楂糕。

第二十九節　糯米菱荳湯

材料

上白糯米一升。　菱荳半升。　蓮心半兩。　芡實二兩。　蜜杏桃蜜青梅少許。　薄荷湯一缸。　白糖一斤。

器具

鍋一只。　爐一只。　鏟刀一把。　匙一把。　碗數只。

製法

將糯米淘淨。煮成糯米飯盛起涼冷。再將菉荳蓮心芡實入鍋燜爛。和薄荷湯亦須涼冷食時用匙取糯米飯菉荳蓮心芡實蜜杏桃蜜青梅絲各等分放入碗中上面加以白糖用薄荷湯澆入再用匙調和後食之味涼爽可以清心。

注意

本食品宜於暑熱時食之。

第三十節　甜菜

材料

蓮子一兩。　芡實二兩。　桂圓肉半兩。　蜜棗十箇。　文冰六兩。

器具

鍋一只。　爐一只。　鏟刀一把。　匙一把。　碗一只。

製法

將蓮子去皮心。同芡實入鍋加清水煮爛。再將桂圓蜜棗文冰等物加入鍋中。待爛盛起。用匙食之。特別甜美。所以稱爲甜菜。

注意

蜜棗須用水浸胖出核用之。

第三十一節　葡萄冰

材料

葡萄乾半杯。　白糖半兩。　牛乳半碗。　桃核肉一匙。　瓜子肉半匙。　江米酒少許。

器具

鍋一只。　爐一只。　甑一只。　大碗一只。　冰箱一只。　匙一把。

製法

將白糖牛乳盛於碗中。上甑蒸之。待其已沸。啟甑蓋加入葡萄乾及桃核肉瓜子肉江米酒等類。再行蒸之。既熟卽取出藏於冰箱中。俟其冰凍。餤之清心脫俗。

注意

本食品宜於夏日食之。

第三十二節　雪糕

材料

牛奶三斤。　藕粉漿一碗。　雞蛋五十箇。　可可粉一杯。　白糖三斤。

香油十滴。　食鹽少許。

器具

冰箱一只。　打雪桶一具。　匙一把。　玻璃杯一只。

製法

將牛奶一碗藏置冰箱。須臾結成酥酪用以放入打雪桶內之鐵管中。

再將藕粉和牛奶調成薄漿和入雞蛋攪拌使和並加可可粉白糖及

香油等。然後緊蓋鐵罐四周實以冰塊上摻食鹽即將搖柄插入搖之。

先緩轉七八分鐘繼續連即速轉六七分鐘至是雪糕成矣。

注意

本品如不用可可粉。擇用香蕉汁杏仁霜咖啡荳檸檬油玫瑰露及櫻

桃波羅蜜等均可。又欲藕粉不生皺裂可用 Gelatine 精製膠半匙泡

以開水小半杯傾入調和之則其弊可免此物為消暑妙品蓋即市上

所售之冰淇淋也。

第三十三節　韭菜粉衣

材料

糯米粉一升。　韭菜一紥。　食鹽二兩。　雞蛋三枚。　菜油二兩。

器具 鍋一只。 爐一只。 鏟刀一把。 刀一把。 碗數只。

製法

將糯米粉加雞蛋淸水拌成稀薄之漿。再將韭菜預先用食鹽略醃用刀切碎入粉碗內調和。然後將菜油在鍋中炙熱倒入粉漿攤熟至兩面皆黃用鏟刀分三四塊盛入碗中卽可供咀矣。爲家庭中日常之小點心也。

注意 用麪粉亦可製成卽成麪衣矣。

第三十四節　煎饅

材料 蟹粉饅首二十箇。 靑蔥十枝。 菜油二兩。

器具

平底鑊一只。　炭爐一只。　鏟刀一把。　刀一把。　盆一只。

製法

將蟹粉饅首放入熱油鍋中煎之。煎透翻轉再煎。四面再撒些菜油見黃仍舊翻轉。加下青蔥細屑同時放下清水關蓋燒透即可以食。

注意

本食品除用蟹粉饅首外不論肉心火腿心均佳。

第三十五節　油炸燴

材料

麪粉二升。　酵粉半杯。　鹼水少許。　食鹽少許。

器具

油鍋一只。　鉢一只。　刀一把。　筷一雙。　鐵絲籃一只。

製法

將麯粉和酵粉鹼水入缽拌和後即可搓成長條。用刀切成小塊。再搓細長條。對摺絞成鏈條狀。兩端捺緊即可入熱油鍋中炸之。俟已發大煎黃用筷鉗起放入鐵絲籃中漏去油質。便可供食。若蘸以醬油隨蘸隨食味尤適口。

注意

本食品可以摘成寸段。放入碗中。冲以醬油湯。以爲飯菜之用。

第三十六節　油鬆箕

材料

麯粉一升。　黃糖四兩。

器具

油鍋一只。　鉢一只。　棍一條。　刀一把。　剪刀一把。　筷一雙。　鐵

三五

絲籃一只。

製法

將麵粉用黃糖水入缽拌和。然後用棍打薄。用刀切成長方塊。長約五寸。闊約一寸半長裹對摺用剪刀剪成二分闊之長條約計八根。再以四角向左右牽扯以中間兩角反疊搦緊。然後投入熱油鍋內煠之見已發黃用筷鉗起。放在鐵絲籃中瀝乾油質即成油篶篶矣。

注意

市上店家。往往用隔夜之麵脚餛飩皮子或芝蔴糕餅屑雜湊而成。頗不合於衛生於夏日尤甚吾人宜戒食之。

第三十七節　油炖子

材料

麵粉一升。　雞蛋三枚。　食鹽少許。　大蝦四兩。　菜油二斤。

器具

油鍋一只。 洋鐵花籃模型一箇。 匙一把。

製法

將麪粉和雞蛋清水拌和。加入食鹽再將油鍋燒熱。用匙注入洋鐵花籃模型內注滿上面加以大蝦一只然後取柄攢入熱油鍋中汆至凝結取出模型再汆片時以黃熟爲度卽可食矣。

注意

本食品中間嵌以豬油蘿蔔絲薺菜山芋屑等作心。味尤良佳。

第三十八節　棗粥

材料

香粳米半升。 紅棗子二十枚。 薏苡二兩。 白糖四兩。 桂花少許。

器具

砂鍋一只。　爐一只。　籮一只。　大匙一把。　碗數只。

製法

將香粳米用籮淘好。入鍋加清水一鍋煮之。同時以紅棗薏苡加入用文火煨爛。食時加白糖及桂花。味香開胃口。腹清供誠衛生滋養之品也。

注意

小兒食之最宜。惟不可過甜以致傷齒。

第三十九節　菜粥

材料

大菜六棵。　香粳米一升。　食鹽三匙。　菜油二兩。　糯米粉一碗。

器具

鍋一只。　爐一只。　鏟刀一把。　籮一只。　刀一把。　碗數只。

製法

將米用籮淘淨大荬亦應洗淨用刀切碎然後一同倒入鍋中水之配置約與鍋齊用文火燜爛將食鹽荬油放下再燒一透調以糯米粉俟膩厚後卽可盛食

注意

本食品若過於多燜則色澤不美矣

第四十節　荬飯

材料

大荬三棵。　白米半升。　荬油一兩。　食鹽葷油少許。

器具

鍋一只。　爐一只。　鏟刀一把。　籮一只。　刀一把。　碗一只。

製法

將大菜用刀切碎再將白米淘清。然後將飯鍋燒透以菜鋪面。摻以食鹽滴以菜油炊飯鑊後。再燜片時即可盛起供食燜時酌加葷油於碗底。味肥而滋身。

注意

本食品間以火腿屑筍屑雞屑等加入尤美。

第四十一節　蘋果餅

材料

蘋果半斤。　杏仁四兩。　牛油四兩。　乳酪三合。　白糖六兩。　葡萄酒一杯。

器具

銅質模型一具。　火爐一具。　小石臼一只。　匙一把。　洋盆一只。

製法

將蘋果去其皮核用器攪和盛器候用。再將杏仁搗之如泥入鍋加牛油乳酪白糖葡萄酒同煮使成適宜光滑之漿糊盛起稍冷卽將蘋果肉和入移入有乳酪之銅模內上上火爐烘之每餅約三四十分鐘而成。

注意

蘋果撕皮時以手指甲自上端層層撕之則立去去核非用刀剖開不可。

第四十二節 雞蛋餅

材料

雞蛋六枚。 冬菇丁半杯。 開洋屑半兩。 干貝絲半杯。 陳黃酒一兩。 醬油一兩。 白糖一匙。 薑米少許。 葷油四兩。

器具

鍋一只。 爐一只。 刀一把。 鏟刀一把。 碗一只。

41

製法

將雞蛋傾碗中打散。加入冬菰丁、開洋屑、干貝絲。（以上三物皆須放過干貝再用酒蒸軟）和入陳黃酒醬油白糖薑米。再將葷油下鍋燒沸。然後倒下煎之。煎透反轉灼至黃色以鑊壓去其油。用刀切成塊卽可。

注意

調和時不必加水。免得稀薄。

第四十三節　蝦仁餅

材料

大蝦一碗。　乾麪粉一碗。　醬油半兩。　陳黃酒半兩。　食鹽少許。

榮油二兩。

器具

鍋一只。　爐一只。　鏟刀一把。　匙一把。　盆子一只。

製法

將鮮蝦用手擠成蝦仁。放在醬油黃酒中浸漬。然後將乾麪粉加清水食鹽拌成漿糊。先用匙取漿糊一匙入油鍋內。隨加蝦仁一匙煎之。煎至兩面黃透乃熟。

注意

蝦餅法同。惟不擠蝦仁而去其鬚足耳．

第四十四節　香水餅

材料

麪粉三杯。　雞蛋三枚。　白糖一杯。　葷油半杯。　葡萄酒半匙。　玫瑰精少許。

器具

模型一具。　炭爐一只。　盆子一只。

製法

將麪粉等物。一起拌和。然後注入模型中烘之。卽成。入口味勝芝蘭。

注意

花樣聽便。再模型內須抹油少許。以防黏住。

第四十五節　薑餅

材料

薑粉三兩。　麪粉一斤。　牛乳一杯。　糖醬六兩。　白糖三兩。　葷油

三兩。　小蘇打液二匙。　葡萄酒一匙。

器具

模型一具。　炭爐一只。　洋盆一只。

製法

将上物一同拌和。再做成饼移上炭炉烘之。黄透即熟。

注意

如無薑粉代以薑汁亦可將就。

第四十六節　愛司餅

材料

麫粉一斤。　雞蛋五箇。　豬油六兩。　白糖六兩。　檸檬汁一匙。　葡

萄酒一匙。

器具

模型一具。　炭爐一只。　缽一只。

製法

將以上各種作料一併打入缽中俟其和勻。注入模型用活塞塞入使由花銅蓋射出成條形切斷彎曲成英文愛司字母形上爐烘之即可。

四五

45

第四十七節　米肉餅

材料

瘦肉一斤。　炒米三兩。　陳黃酒二兩。　醬油二兩。　白糖一匙。　葷油二兩。

器具

鍋一只。　爐一只。　刀一把。　砧墩一箇。　碗一只。

製法

將瘦肉用刀切成細屑。用炒米拌和。再加陳黃酒醬油白糖等作料糅而圓之。然後燒熱油鍋傾入沸油內滾熟起鍋供食脆爽可口。圓凝後食之亦覺柔韌而有味。

注意

此餅以其形似 S。故名愛司餅。

注意 炒米即市上所售之凍糯米是也。

第四十八節　雞蛋捲

材料　雞蛋八枚。　白糖半斤。　麪粉一升。　檸檬汁一匙。　薑砂一碗。（或用玫瑰醬梅醬等類）

器具　鍋一只。　爐一只。　筷一雙。　洋鐵蒸盤一具。　手巾一條。　刀一把。洋盆一只。

製法　將雞蛋之黃和糖調勻。放入鍋中煮之。和以麪粉。蛋白另行打和打透後亦和入爲要。加以檸檬汁即可裝入洋鐵蒸盤中上爐烘之。待熟覆

47

於手巾上用荳砂等爲餡塗抹其面隨卽捲好霎時用刀切成厚片乃

佳味美上口

注意

捲時須速久則不免破裂耳。

第四十九節　自製餅乾

材料

麵粉一斤。　牛乳一杯。　葷油半斤。　葡萄酒少許。

器具

鉢一只。　趕鎚一箇。　模型一具。

製法

將麵粉和葷油三分之二再加清水少許用手拌和將趕鎚約捍至一

寸厚又葷油三分之一和粉捲好用趕鎚捍成薄片卽用模型一一鑿

心一堂　飲食文化經典文庫

之如上製法，其殘餘之料再捍成片，製成各種花樣，烘至餅乾即佳。

注意

餅上加以葡萄乾三四粒，足壯觀瞻。

第五十節　芡實糕

材料

鮮芡實一斤。　文冰六兩。　麪粉半升。　木樨醬一匙。

器具

鍋一只。　爐一只。　鉢一只。　小甌一只。　刀一把。　洋盆一只。

製法

將芡實用鉢搗爛，與文冰麪粉木樨醬拌和，裝入小甌中，乃上鍋蒸之。待熟以刀切塊，盛入盆內，便可以食，味甚佳美。

注意

49

第五十一節　肉糕

材料

精豬肉一斤。　食鹽少許。　百葉二三張。　雞蛋四枚。　藕粉一杯。

器具

鍋一只。　爐一只。　刀一把。　筷一雙。　碗一只。　洋盆一只。

製法

將豬肉用刀加食鹽斬爛。以手揑成厚約三分之一平面形。安置百葉上。（百葉須預先用鹼水泡過。）再將雞蛋打和入油鍋攤成蛋衣用刀切爲細絲。攪亂糝於平鋪肉腐上厚約八九分。成蛋糕式。乃用藕粉調水潑上令其凝結不致鬆散。即置鍋上蒸之。蒸熟取出切成塊塊。即可下箸矣。

鄉間池沼中。產有一種植物。名曰野雞荳。亦可如法製之成糕。

百葉不用鹼水泡過容易破裂。

第五十二節　清蛋糕

材料

雞蛋六枚。　葷油半杯。　白糖二杯。　麪包粉一杯半。　葡萄酒一匙。

玉蜀黍粉（卽六穀粉）一杯　檸檬汁一匙。

器具

鍋一只。　爐一只。　鏟刀一把。　洋鐵蒸盤一具。　洋盆一只。

製法

將葷油和白糖調勻。置入鍋中。燒之半沸。乃放麪包粉及葡萄酒。再用鏟調和然後投以六穀粉。再將蛋白打和。先用一半傾入鍋中。亦須拌勻再以一半注入卽可滴入檸檬汁。另置洋鐵蒸盤一盤內先抹葷油。

將鍋中物料注於盤心。於爐上烙熟。上面再加不論何種糖菓子少許。以爲裝飾之用。

注意

本食品不用蛋黃純用蛋白須調之極勻。至以筷插之能直立乃止。

第五十三節　白塔蛋糕

材料

雞蛋三枚。　熟豬油半杯。　白糖一杯半。　牛奶半杯。　檸檬汁一匙。　麵包粉二杯。　葡萄酒二匙。

器具

鍋一只。　爐一只。　筷一雙。　洋鐵蒸盤一具。　洋盆一只。

製法

將熟豬油及白糖調和之。置於鍋中煮之。乃以一蛋連黃連白打入用

心一堂　飲食文化經典文庫

筷拌匀之。再以蛋拌匀之。又打一蛋將牛奶注入。再注檸檬汁後下麪包粉葡萄酒拌攪。裝入蒸盤內烘之。成熟乃可。

注意

手續不可紊亂宜注意。

第五十四節　蘿蔔糕

材料

粳米粉一升。　蘿蔔一斤。　食鹽少許。　肥肉一塊。　蝦米冬菇火腿等細屑一杯。

器具

鍋一只。　爐一只。　小甌一只。　刮鉋一箇。　推鉋一箇。　鏟刀一把。刀一把。　洋盆一只。

製法

將蘿蔔用鉋刮去其皮。推成細絲。用食鹽擦去其辣汁加清水拌以糯

米粉。稍下食鹽。拌和後置入小甌中。粉中夾肉屑一層上面再加蝦米

冬菇火腿等細屑然後上鍋蒸熟取出切片用油煎之食之酥鹹得宜。

注意　此糕自古有之。昔人嘗於立夏節食之名曰咬春卽迎春之意也。

第五十五節　芥倫子蛋糕

材料

芥倫子半杯。　麪包粉二杯。　豬油二杯。　白糖二杯。　雞蛋四枚。

葡萄酒二匙。　玫瑰油一匙。

器具

鍋一只。　爐一只。　筷一雙。　鉢一箇。　洋鐵蒸盤一具。　洋盆一只。

製法

將豬油白糖調和。乃以蛋黃注入再和麪包粉葡萄酒玫瑰油等類。將蛋白另以鉢打和。再加芥倫子入洋鐵蒸盤內烘之。然後裝入盆中卽可。

芥倫子卽葡萄乾。上海廣東路三號美國葡萄乾公司有售。

注意

第五十六節　山芋糕

材料

紅心山芋二只。　豬油數塊。　荳砂三匙。　白糖少許。

器具

鍋一只。　爐二只。　鍋架一箇。　碗一只。　筷一雙。

製法

將山芋去皮洗淨入鍋蒸熟。放入碗內。用筷調和中間加以蒸熟豬油

五五

55

及薑砂白糖上面再鋪山芋一層。然後上鍋再蒸一透卽熟。餕味香而質酥美品也。

注意

山芋內之細筋須抽去。可在蒸熟後行之。

第五十七節　自製八珍糕

材料

元米粉一斤。白糖一斤。黨參。黃耆。淮藥。芡實。蓮肉。茯苓。白扁荳。米仁。葡萄乾各等分。

器具

石臼一只。碾杵一箇。刀一把。木板模型一塊。匣子數只。

製法

將黨參黃耆（切片）淮藥芡實蓮肉（去皮及心）茯苓白扁荳（

心一堂　飲食文化經典文庫

去殼）米仁、葡萄乾各等分。悉入石臼內共研細末。再用白糖加入然後將粉末置木板模型中刻成各種式樣。倒出卽佳。較之市售者（其

法詳本食譜三編）不可同日而語也。

注意

元米粉卽糯米粉。此糕常食充饑。功能補血強身。

第五十八節　炒掛麵

材料

掛麵一斤。　葷油二兩。　蝦子醬油一兩。

器具

鍋一只。　爐一只。　鏟刀一把。　湯碗一只。

製法

將掛麵置於沸水中。隨投隨取。再浸入冷水內。然後用葷油炒之。炒後。

連結成團裝於碗中。用蝦子醬油沖湯投下。則團自解味亦鮮冽。

注意

若無蝦子醬油。將蝦子用井水激下。煎湯亦妙。又食麪時另加好醋少許。則無腹脹之患矣。

第五十九節　湯麪

材料

麪一斤。　紅燒肉一碗。　肉汁一大碗。

器具

鍋一只。　爐一只。　筷一雙。　竹爪籬一把。　大碗數只。

製法

先將清水煮沸。起蓋將麪落下。用筷搯勻。燒一透見麪浮起。即用竹爪籬撈起。浸入冷水內激之。然後分裝肉汁碗中上面蓋肉名曰澆頭此普通下麵法也。

注意

麵之美在乎湯汁。湯汁當用油足濃厚之露。如用醬油湯則不佳。澆頭有魚者曰魚麵。肉者曰肉麵。雞鴨者曰雞鴨麵。鱔絲者曰鱔絲麵。名目之多。以蘇州麵館為最。

第六十節　拌麵

材料　麵一斤。　鱔絲一盆。　肉滷三匙。　醬蔴油少許。

器具　鍋一只。　爐一只。　爪籬一把。　碗數只。

製法　將麵投沸水中煮之。待熟撈起浸入冷水內。激冷瀝乾水質放入碗中。

用肉滷醬蔴油少許拌之。上裝炸熟鱔絲蓋面食之爽口夏令多喜食之。

注意

或用他種澆頭及素者亦佳或用鱔絲過橋卽另將鱔絲用葷油酒醬等炒熟食時蓋在麪上其味尤美

第六十一節　空心湯糰

材料

湯糰十簡。　菜油半斤。

器具

油鍋一只。　爪籬一把。　洋盆一只。

製法

將湯糰用白糖豬油玫瑰醬爲餡。（或揩酥餡。）糰壳製法詳本食譜續編第一章第十九節。製就後入油鍋內汆之。糰餡受熱度之壓迫。遂盡融化而入於皮子。（子俗音此）於是空心湯糰成矣。

注意

余嘗見普通所落湯糰易遭破裂。若同冷水漸煮成熟其患可免。故特附注於此又甬人於長至節必食此物風俗也

第六十二節　煨蓮心

材料

蓮心半杯。　文冰半兩。

器具

洋鐵有蓋大茶杯一只。　烹燈一盞。　匙一把。　碗一只。

製法

將蓮心用沸水泡後。蓋燜片時立卽去其皮及心。乃用溫水洗淨去其

61

皮屑。儲入洋鐵有蓋大茶杯內。加以三四倍之沸水。移上烹燈煮之俟

爛。加以文冰燜三小時可食。每日食之功能補心。

注意

或用三腳架。在美孚燈上�之。一黃昏可食。在深夜辦事辛苦者作為

點心最為相宜父執某雲間人十餘年來。專食蓮心未嘗進飯體甚強。

第六十三節　炒藕塊

材料

嫩藕一節。　花生油二兩。　白糖一兩。　木樨醬少許。

器具

鍋一只。　爐一只。　厨刀一把。　鏟刀一把。　盆子一只。

製法

將藕洗淨。上鍋蒸熟。用刀切成細塊。另將油鍋燒熱。乃以白糖放入用

鏟攪勻。然後下以藕塊。引鏟徐徐炒之。再下木樨醬片刻即佳。

注意

藕塊以細小爲可口。

第六十四節　八寶梨羮

材料

雪梨六只。　文冰二兩。　金荳。　橘餅丁。　桂圓肉丁。　蜜棗絲各等分。　對丁少許。　藕粉半杯。

器具

鍋一只。　爐一只。　刀一把。　鏟刀一把。　碗一只。

製法

將雪梨用刀削去其皮。剉之成薄片。卽可置入鍋中。加淸水煮之一透之後。加以文冰以融化爲度。再置金荳橘餅丁桂圓肉丁蜜棗絲等類俟沸十數分鐘後外用潔白藕粉以筷攪之使勻。再冲入鍋中。用鏟刀和之。不宜停手待沸至二三分鐘後即可盛入碗內上加以紅綠絲鮮紅碧綠異常美觀。嗽之香甜四溢雅爽宜人並入口消釋爲止咳解煩釋渴之美果頗有清心益智之妙惟宜於夏日耳。

注意

梨之種類甚多。有雅兒、油秋、青梨、木梨之分。惟以產於山東萊陽、直隸河間爲良宋代張敦有梨爲百果之宗之稱八寶香蕉羹八寶橘羹八寶百合羹製法均同惟百合一物含有苦味。須摘去百合瓣之尖順勢剝去其衣入清水漂過乃佳。

第六十五節　白粉凍

材料

六穀粉半杯。　牛奶三杯。　白糖一杯。　橘汁半杯。　玫瑰汁半匙。

可可糖六塊。

器具

鍋一只。　爐一只。　架一箇。　模型一具。　碗一只。

製法

將六穀粉和清水牛奶白糖拌和上鍋隔水蒸熟成白粉漿糊。再將橘汁並玫瑰汁和粉另外製成熟糊熱四分鐘。又將可可糖和粉另外製成熟糊。乃入模型製成花式第一層倒入橘汁糊。第二層為可可糖糊。第三層為白粉糊。蒸時隨煮隨和牛奶。或以水代之。然後凝於冷水中。或置冰箱成凍即名白粉凍

注意

橘汁或用桂花汁綠梅汁均可代用之。

第六十六節　牛肉粥

材料

香糯米半升。　牛肉半斤。　食鹽半兩。　生薑少許。　味精（或和粉）一匙。

器具

鍋一只。　爐一只。　厨刀一把。　鏟刀一把。　碗一只。

製法

將米淘清。先入鍋同清水煮之用文火燜爛。再以牛肉斬之成醬。加下食鹽生薑等類用筷拌勻起蓋倒入鍋中。用鏟炒動一轉使其相和然後關蓋再燒數透。即可起鍋供食。

注意

食時嫌淡。酌加好醬油少許。

第六十七節　炒木柙飯

心一堂　飲食文化經典文庫

材料

白米飯一碗。肥大萵苣葉數張。雞蛋二枚。火腿丁一杯。雞丁一杯。葷油一兩。

器具

鍋一只。爐一只。鏟刀一把。匙一把。碗一只。

製法

將飯用蛋入油鍋炒好和以火腿丁雞丁盛起。再將萵苣葉洗淨揩乾其水用匙傾飯於葉上包而食之香脆異常

注意

雞蛋可用溏黃松花蛋代之。

第六十八節　芹菜飯

材料

芹菜半捆。　嫩笋半只。　菜油二兩。　食鹽少許。　白米一升。　臘肉

四兩。　醬油二兩

器具

鍋一只。　爐一只。　刀一把。　銅鏟一把。　碗一只。

製法

將芹葉揀清和食鹽揉去其汁置風日中乾之再行用刀切細同嫩笋

片和菜油煮之半熟卽起鍋於飯米未下前切臘肉小塊用碗合碗中。

然後同時下飯米及芹菜調以醬油炊熟食之味極鮮美。

注意

芹菜用水芹。藥芹則不堪用矣。

材料

麪粉一升。　藤花二十朶。　糖淸豬油丁一碗。　白糖三兩。　松子仁半兩。　葡萄乾半兩。

器具

油鍋一只。　碗一只。　鐵鏟刀一把。　洋盆一只。

製法

將春日所開藤花。擇花之大者去心及蒂。拌以糖淸豬油小塊。及白糖松子仁葡萄乾等類再將麪粉拌和以之作餡做成包子即入油鍋烙之。烙熟香味不失嚼之可口異常

注意

壹砂包子法同。

第七十節　德國土斯

材料

麪包一方。　雞蛋六枚。　牛油二兩。（用葷油亦可）　白糖一匙。

器具

鍋一只。　爐一只。　刀一把。　筷一雙。　碗一只。　洋盆一只。

製法

將麪包先用刀去硬皮。然後切成片。塗以雞蛋汁置於熱油鍋中烤之。少選。加以白糖約五分鐘卽起鍋就歆因不宜多烤也

注意

麪包切片時宜從中間切開。先一剖爲二。然後切爲片。將所餘之麪包。二爿對合庶不致漏氣常能保住其新鮮也。

第七十一節　香蕉布丁

材料

麪包屑二杯。　香蕉汁一杯半。　葡萄六兩。　雞蛋二枚。　牛乳半杯。

器具

鍋一只。　爐一只。　小甑一只。　叉一把。　洋盆一只。

製法

將麪包屑香蕉汁葡萄等物。預備小甑一只底鋪絹布中鋪麪包屑一層上加葡萄一層香蕉一層再加麪包屑蓋面然後調雞蛋及牛乳澆上卽上鍋蒸之約半小時便可啜食矣。

注意

麪包屑在廣東店內有售。

第七十二節　西米布丁

材料

西米一碗。　雞蛋四枚。　牛乳四合。　白糖四兩。　牛油四兩。　檸檬汁少許。

器具

鍋一只。　爐一只。　鏟刀一把。　叉一把。　洋盆一只。

製法

將西米用水浸透。瀝去其水入鍋中加雞蛋牛乳白糖等。用文火煮之。以鏟攪成極厚之漿。然後移入油鍋內煎之。起鍋時滴入檸檬汁卽西米布丁也。

注意

西米卽珍珠粉廣東店有售。

第七十三節　元宵

材料

芝蔴脆餅半斤。　葷油四兩。　木樨醬一杯。　瓜子肉一杯。　糯米粉四合。

器具

鍋一只。 爐一只。 鉢一只。 碗一只。

製法

將芝蔴脆餅碾之極細用葷油熬沸拌透待稍冷搓成團略似梅子大中間藏以木樨醬瓜子肉爲餡然後用水蘸濕放在糯米粉上擺之惟糯米粉不可過厚過薄以均勻爲是蒸熟可食。

注意

以鎮江元宵爲著名。

第二章　葷菜

第一節　魚翅雞

材料

童子雞一只。 魚翅一只。 瘦肉四兩。 白菜二兩。 陳黃酒三兩。

醬油三兩。　葷油一碗。　白糖眞粉少許。

器具

鍋一只。　爐一只。　厨刀一把。　瓷鉢一只。

製法

將雞用酒鹽煮熟。然後將魚翅用冷水浸透後換熱水浸一小時許用清水洗去砂質用刀刮去筋皮再用冷水煮之俟已發軟去其骨管再將肉切絲入鍋加葷油煎透下以陳黃酒醬油及白菜等物用文火煨之。待熟加些肉露燒一透放入魚翅啟蓋燒片時加下白糖眞粉味和之後。卽可納入雞肚中加醬油雞肉汁緊湯煨爛其味無窮。

注意

此法爲吾鄉老於烹飪者李曉村謂余言。

第二節　碼硭雞

材料

雞一只。　蜜杏桃四兩。　嫩筍二只。　陳黃酒二兩。　醬油一杯。　香

料少許。

器具

鍋一只。　爐一只。　刀一把。　海碗一只。

製法

將雞殺死去其毛雜。斬成方塊。入鍋加清水香料煮之。然後加陳黃酒

醬油筍片等用文火燜之。燜爛。復加蜜杏桃再燜片時。卽可噉矣。

注意

本食品煮時。以緊湯爲合度。

第三節　雪梨雞

材料

雞一只。　雪梨四只。　葷油四兩。　蔴油一匙。　食鹽薑末花椒末冰糖各少許。

器具

鍋一只。　爐一只。　鏟刀一把。　刀一把。　洋盆一只。

製法

將雞割取胸膛肉切成薄片。用葷油炒三四次。加以蔴油同時再加食鹽薑末花椒末等後加梨片冰糖霎時卽可就食矣。

注意

本食品以嫩爲最可口。

第四節　葷素雞

材料

百葉三十張。　嫩筍片一杯。　香菌十只。　蝦子半杯。　陳黃酒一盅。

食鹽少許。

器具

鍋一只。　爐一只。　手巾一條。　刀一把。　鏟刀一把。　大碗一只。

製法

將百葉用溫鹼水浸軟層層疊好乃以手巾包裹紮緊倒入滾水中煮之燒至半小時起鍋候冷解開手巾用刀切成雞塊。或長方塊同筍片香菌蝦子雞汁等類煮之加些陳黃酒食鹽二透可食湯甚鮮冽。

注意

用葷油醬油紅燒味亦濃厚。

第五節　醒醐鴨

材料

大鴨一只。　山藥半斤。　陳黃酒四兩。　食鹽二兩。　眞粉少許。　冰

七七

糖葱薑螺螄各少許。

器具

鍋一只。　爐一只。　刀一把。　海碗一只。

製法

將鴨同螺螄煮半熟乃拆骨取肉仍置原湯內同山藥再煮加以陳黃酒食鹽葱薑等至爛加以冰糖眞粉俟其濃厚卽可啗矣

注意

山藥須用刀搥碎切塊以山芋代之亦成醍醐鴨。

第六節　陳皮鴨

材料

鴨一只。　豬肉半斤。　陳皮半兩。　陳黃酒二兩。　醬油二兩。　食鹽二兩。　香菌八只。　笋一只。　葷油二兩。

器具

鍋一只。　爐一只。　厨刀一把。　碗一只。

製法

將鴨斬斃。燖毛破肚。用水洗淨。將食鹽遍擦內部。塞足肉腐。然後入油鍋炸之越時炸透加陳黃酒再加醬油陳皮香菌笋片清水等用文火煨之約燜至二三點鐘之久即可供食。

注意

又法。將鴨燜熟而食之。陳皮鱸魚製法同。

第七節　梅花肉

材料

豬肉一斤。　雞蛋二枚。　葷油四兩。　冬菇十只。　醬油二兩。　食鹽少許。

器具

鍋一只。　爐一只。　刀一把。　筷一雙。　鏟刀一把。　大碗一只。

製法

將豬肉用刀切成梅花狀作五瓣式。乃以雞蛋打和拌之。再用筷箸入熱油鍋中。炸至黃色乃止然後用清水一斤半關蓋煮爛。再加冬菇作和頭同時下以醬油食鹽再燒數透即成其味嫩美逾常。

注意

豬肉須擇瘦肥各半者關蓋燒時。毋得再開爲是。

第八節　芙蓉肉

材料

瘦豬肉一斤。　醬油六兩。　淡水蝦四十只。　豬油二兩。　菜油半斤。陳黃酒二兩。　眞粉葱椒少許。

器具 油鍋一只。 爪籬一把。 厨刀一把。 碗一只。

製法 將豬肉用厨刀切片。放入醬油中浸漬。再將蝦去殼留仁。豬油切骰子塊。將蝦仁放在豬油上一只蝦一塊油敲扁。將滾水煮熟撩起。然後熬菜至沸。將肉片放在爪籬內。將滾油灌熟。再用醬油黃酒雞湯等。將二物放在鍋中同煮一透。另加眞粉葱椒卽可起鍋。嗒味極美。

注意 芙蓉肉之名。見於隨園食單。此法略有改動。爲余參照而成者。並云未敢掠美也。

第九節　東坡肉

材料

材料

豬蹄三斤。　陳黃酒一斤。　醬油半斤。　文冰一兩。

器具

鍋一只。　爐一只。　刀一把。　砂鍋一箇。　炭結四箇。　大碗一只。

製法

將豬蹄焯一透用刀口在皮上細刮。如是三次。切成大塊。置入砂鍋內。加陳黃酒醬油文冰等料不可用水放炭結爐上用炭結燒紅煮之約七八小時可食。若欲肉入味端賴火候。故非行此法不可。

注意

東坡俗稱蹄狀又稱蹄子。有在油中炸熟者。名曰走油蹄子。筵間常用之。惟味道不及此法耳。

第十節　荔枝肉

材料

豬油二斤。　菜油半斤。　陳黃酒半斤。　醬油一小杯。

器具

鍋一只。　爐一只。　鏟刀一把。　厨刀一把。　碗一只。

製法

將豬肉洗淨。切成大骨牌塊。入鍋加清水。煮二三十沸。撈起。再將油鍋燒熱放入煠透。卽用冷水激之。然後仍入鍋內用陳黃酒醬油清水（約半斤許）等再燀煮爛卽成。

注意

用冷水激後。肉卽成皺裂狀略似荔枝。故名。

第十一節　八寶肉

材料

豬肉一斤。　陳黃酒二兩。　醬油四兩。　小淡菜二兩。　嫩笋片半斤。

冬菇二兩。　核桃肉二兩。　葡萄乾二兩。　火腿屑二兩。　蔴油一兩。

陳海蜇二兩。　白文冰半兩。　香料少許。

器具

鍋一只。　爐一只。　鏟刀一把。　刀一把。　碗數只。

製法

將豬肉用刀切片。加香料入鍋煮之。煮透加陳黃酒醬油。用文火燜至半熟。再加小淡葉嫩笋片冬菇核桃肉葡萄乾火腿屑蔴油等類。最後加陳海蜇白文冰隨卽鏟起。見之無不食指大動也。

注意

豬肉須揀精肥得宜爲上。

第十二節　芙蓉魚

材料

鯽魚二條。　雞蛋四箇。　葱薑黃酒食鹽各少許。

器具

鍋一只。　爐一只。　鍋架一箇。　大碗一只。　筷一雙。　匙一把。　刀一把。

製法

將活鯽魚用刀除去鱗雜然後洗淨浸漬於葱薑黃酒中。再將雞蛋打破取白去黃盛於碗中和入雞湯摻些食鹽用筷調和用魚放入蛋碗加葷油一匙移上鍋架蒸之。但不可中途揭蓋以防炖生直至熟可食上口絕鮮味美於回較之尋常炖蛋不可同日而語也。

注意

蛋內所用雞湯以冷為宜否則遇熱則凝永不能炖熟矣。

第十三節　八寶肉丸

材料

肥花肉一斤。　陳黃酒三兩。　醬油三兩。　葱薑少許。　嫩笋半只。荸薺四箇。　香菌六只。　醬瓜一塊。　醬薑一塊。　松子肉半兩。　葡萄乾半兩。　火腿屑一兩。　眞粉一碗。

器具

鍋一只。　爐一只。　竹架一箇。　刀一把。　碗一只。　磁盆一只。

製法

將腿花肉用刀切成肉醬。拌以陳黃酒醬油葱薑少許。再將嫩笋荸薺香菌醬瓜醬薑松子肉葡萄乾火腿屑等研成細屑同眞粉肉醬揑和成肉餅。放入磁盆中。加陳黃酒醬油入鍋蒸熟嗖之甚爲鬆爽。

注意

蒸之則味佳。燒之則味遜。

第十四節　荸薺丸

材料

嫩荸薺拾枚。　豬肉半斤。　陳黃酒一兩。　醬油一兩。　荳粉半杯。
食鹽少許。　葷油四兩。

器具

鍋一只。　爐一只。　厨刀一把。　砧墩一塊。　洋盆數只。

製法

先將豬肉切小。加黃酒食鹽斬爛。再將荸薺去皮。切成極小之塊。拌入
肉腐內拌時須加醬油並下荳粉使和。然後做成丸入油鍋煤之俟丸
之外層成黃色殼子卽可撈起進膳矣。

注意

荸薺丸其味以甘脆勝嗷之舒適爽口。

第十五節　雞肉丸

材料

雞丁二杯。　牛乳油半杯。　灰麪半杯。　牛乳一杯。　食鹽半匙。　胡椒末一撮。　洋荽菱及芹菜二匙。　陳黄酒醬油少許。

器具

鍋一只。　爐一只。　刀一把。　鏟刀一把。　碗一只。　洋盆一只。

製法

將雞肉預先用刀切成細丁。另以牛乳油一半置入鍋中。燃火融化。復加灰麪牛乳引鏟時時攪之。俟其成羹。遂以雞丁食鹽胡椒末及切碎之洋荽菱芹菜等類。一同放入鍋中炒之。炒和後盛起藏於碗中待其既冷。然後做成肉丸。再用一半牛乳油下鍋炸之。少時下以陳黄酒醬油。炒至半小時卽成黄色。其味甚佳。

第十六節　豬油丸

材料

豬油四兩。　雞蛋二枚。　菱荳粉半盅。　陳黃酒半兩。　醬油半兩。

冬菇六只。　冬笋一只。　葱數枝。

器具

鍋一只。　爐一只。　厨刀一把。　碗一只。　筷一雙。　匙一把。

製法

將豬油撕皮用厨刀切成細小之塊。再將雞蛋打和加入豬油小塊及菱荳粉調勻下陳黃酒醬油用匙和勻攤入掌心做成丸然後同冬菇屑冬笋絲葱白頭雞湯煮之。煮滾卽可嚼食。

注意

按炒此丸之熱度在華氏寒暑表三百九十度以上卽黃

第十七節 牛肉鬆

材料

牛肉一方。 雞蛋二枚。 酸醋一匙。 食鹽一撮。 辣油一匙。 薑汁一匙。 葷油一兩。

器具

鍋一只。 爐一只。 刀一把。 筷一雙。 碗一只。

製法

將牛肉用刀在肉上刮之。將肉盡變爲細絲乃以雞蛋打和。調入細絲內。再以酸醋食鹽辣油薑汁等料放入油鍋中煎之。煎至十五分鐘取起同入牛肉細絲內。用筷拌和之。卽成牛肉鬆。

注意

冬菇冬筍必先煮熟方可與豬油丸同煮。

注意

醬油黃酒可不用。

第十八節　火夾肚

材料

火肉半斤。　豬肚一只。　陳黃酒二兩。　醬蔴油少許。

器具

鍋一只。　爐一只。　刀一把。　洋盆一只。

製法

將火肉用酒緊湯煮熟用刀切成薄片再將豬肚用鹽水擦過洗淨後加酒燒熟再切成長塊。如尋常白肚狀盛碗中然後加湯少許置飯鍋蒸之卽能膨脹加厚一倍然後切成薄片和肚子一片夾一片裝入盆中作造橋式再兩邊披好食時蘸以醬蔴油味尤美。

注意

煮肚時。不可先著鹽味。否則堅硬而縮。普通每犯此病。特標而出之。以爲嗜味者告。

第十九節　凍豬蹄

材料

豬蹄三斤。　陳黃酒一碗。　醬油十二兩。　冰糖二兩。　五香料包一箇。　茨粉少許。

器具

鍋一只。　爐一只。　刀一把。　瓦罐一箇。　大盆一只。

製法

將豬蹄入鍋中煮之。一滾撈起。裝入瓦罐中。加陳黃酒醬油冰糖五香料一包。煮極爛。將骨拆去。將肉捺碎。再沸一透。將香料包取起。即加茨粉調和。少時盛大盆中。冰凍成膏切成方塊食之香美適口韻味超群。

夏間入冰箱即凍。

第二十節　蝦仁凍

材料

蝦仁一斤。　雞蛋四枚。　荳苗少許。　陳黃酒二兩。　食鹽少許。　豬

肉皮四兩。

器具

鍋一只、　爐一只。　刀一把。　鏟刀一把。　大碗一只。　冰箱一具。

製法

先將豬肉皮加清湯入鍋煨之。燒爛斬細。加入陳黃酒食鹽再煨。（冷之即成皮凍作餡用）然後加入蝦仁蛋黃荳苗陳黃酒食鹽等作料。

燒至成熟卽可起鍋盛入碗內。夏時用冰箱冷成凍卽得。（雞凍肉凍鰊魚凍方法均用）

注意

蝦仁凍爲京館著名之菜。人多喜食之。

第二十一節　拌松花蛋（二）

材料

松花蛋（須揀溏黃松花蛋）四枚。　荳腐四方。　香椿頭半兩。　蝦子醬油二兩。　蔴油一匙。

器具

碗一只。　筷一雙。　洋盆一只。

製法

將松花蛋剝去泥殼。加荳腐香椿頭蝦子醬油等作料。用筷拌和。滴入蔴油。飲味甚美。手續且便利。

注意

松花蛋即皮蛋滷黃即散黃也。松花蛋如不散黃。可用燒酒滴入蛋心中片時有奇效。

第二十二節　拌松花蛋（二）

材料

松花蛋三枚。　荳腐四方。　開洋屑半杯。　天蓁笋丁半杯。　大蒜頭泥二匙。　薑米二匙。　食鹽及陳黃酒少許。　蔴油少許。

器具

洋盆一只。　筷一雙。

製法

將松花蛋去殼。加荳腐同置一處。去水和之。再加開洋屑天蓁笋丁大

蒜頭泥薑米食鹽及陳黃酒等用筷共和之加以蔴油數滴食之味頗

清冽。於夏爲宜。

注意

松花蛋製法。詳本食譜續編第四章第二節。

第二十三節　鰵魚羹

材料

醃鰵魚半斤。　番薯十餘只。　赤茄子一只。　葱絲少許。　胡椒末一

撮。　牛乳油二匙。　灰麪二匙。　食鹽少許。

器具

鍋一只。　爐一只。　刀一把。　匙一把。　碗一只。

製法

一醃鰵魚浸冷水後壓乾。用刀切成薄片。置於鍋內。再將葱絲胡椒末

番薯赤茄子等物並清水少許投入煮之使徐徐烹煮待番薯與赤茄子煮爛然後將魚投入其中約煮二十分鐘之久又加牛乳油灰麵及食鹽再煮五分鐘便熟。

注意

若羹湯過於濃厚可復加以水和之。

第二十四節　鴨蛋水荳腐羹

材料

鹹鴨蛋二枚。　水荳腐一碗。　食鹽一撮。　蝦子醬油半兩。　蔴油少許。

器具

鍋一只。　爐一只。　筷一雙。　碗一只。

製法

97

將鹹鴨蛋去殼調和。再將水荳腐稍去其水。同鴨蛋調和。再用食鹽蝦子醬油蔴油拌勻。入鍋加雞汁煮之。味甚鮮洌。

注意

水荳腐改用荳腐亦可。惟不如水荳腐之嫩耳。

第二十五節　鯽腦湯

材料

活鯽魚四尾。　荳油一兩。　荳腐四方。　陳黃酒半兩。　眞粉食鹽少許。

器具

鍋一只。　爐一只。　刀一把。　碗一只。　磁盆一只。

製法

將活鯽魚用清水洗淨夾腮。再用清水磁盆養之。水面注以荳油浮在

水面。魚見油卽食。待油食盡則魚腦卽從腮中流出沉於盆底然後入

鍋加雞湯荳腐小塊煮之至沸下以陳黃酒及眞粉食鹽等製成羹湯

風味別開生面。

鯽魚另食紅白任便。

第二十六節　油炸蝦球

材料

靑蝦半斤。　荸薺十箇。　葱二三枝。　荳粉半升。　陳黃酒半兩。　食

鹽一撮。　雞蛋十枚。　葷油半斤。　花椒末少許。

器具

油鍋一只。　火爐一只。　瓷缽一只。　筷一雙。　洋盆一只。

製法

將青蝦去殼另以荸薺切成片。葱花及荳粉拌蛋清。揑成球置鍋中以葷油炸之。候黃撩起。卽熟少加花椒末則益香嫩而可口矣。

注意

荸薺少用亦可。如蛋汁不敷拌濕時宜酌加清水拌之。

第二十七節　油炸蝦包子

材料

水晶蝦半斤。　白糖四兩。　乾麪粉一升。　雞蛋十枚。　菜油半斤。

器具

油鍋一只。　火爐一只。　大碗一只。　筷一雙。　盆數只。

製法

將水晶蝦擠出蝦仁。用白糖拌之。再將雞蛋打開和以乾麪粉拌成乾濕適宜之漿糊。過乾加水拌和。用手搓成長條摘成若干小塊。每塊包

以白糖蝦仁爲餡卽可搓成圓形然後入熱油鍋內爁之候黃撈起畋

味頗爲鬆甜。

注意

本食品須用葷油爁之。

第二十八節　紅煨牛肉

材料

牛肉一斤。　蘿蔔一箇。　醬油二兩。　黃酒一盅。　八角茴香三粒。

器具

沙鍋一只。　廚刀一把。　大碗一只。

製法

將牛肉用刀切成小塊放入沙鍋內。加淸水一鍋煮之。蘿蔔亦將同時
加入須先用針刺小孔無數俟爛將蘿蔔棄去加以醬油黃酒八角茴

香再燒煨至極爛爲度。此回回教人之法也。

注意 牛肉切塊後。不必用水洗過又黃酒以少下爲宜。有時竟可弗用。

第二十九節　焦鹽甲魚

材料 牡丹甲魚二只。　陳黃酒五兩。　食鹽二兩。　文冰四兩。　生薑二片。　茴香料皮少許。

器具 鍋一只。　爐一只。　廚刀一把。　海碗一只。

製法 將活甲魚翻置地上。俟將伸頭反轉即用刀殺死。再用滾水泡過暫爛片時。剝皮破肚洗淨後切成小塊。惟須將足邊一種黃油割去以免羶味。然後入鍋和水煮之煮透再加陳黃酒食鹽薑片茴香料皮等作料。用細小文火燜爛和以文冰見汁已濃膩卽可起鍋供食味美無匹。

注意

甲魚卽鼈之一種。一名神守。有滋陰降火之功。其血和以麪粉或石灰。可止血但夏秋之間小蛇多化鼈誤食殺人宜先觀其腹上有無紅斑。

第三十節　醋溜鰳魚——黃魚

材料

新鮮鰳魚一尾。　葷油四兩。　紹酒四兩。　陳醋二兩。　醬油四兩。　茨粉一小杯。　葱薑少許。

器具

鍋一只。　爐一只。　厨刀一把。　鏟刀一把。　碗一只。　大洋盆一只。

製法

將鱖魚去鱗淨肚既畢。再將魚之全身。用刀劃以縱橫痕跡。劃成畦形。因其肉厚不易煎透耳。然後鍋中燃大火。將鍋燒熱先置葷油於鍋內。再以鱖魚投入鍋中炸之。另外以茨粉取水融化。加紹酒陳醋醬油和入茨粉碗。俟魚炸至兩面黃透大約五分鐘後。卽將碗內和好之物傾於鍋中。復加以葱薑等物燒至湯汁將乾未乾之際卽行起鍋以盆盛之。其味酸嫩可愛。（醋溜黃魚法同）

注意

煎時恐魚脫皮。可先用水薑在鍋內擦過一次。則能免斯病。

第三十一節　燒糟黃魚

材料

黃魚一尾。　香糟一缽。　葷油二兩。　陳黃酒二兩。　醬油二兩。　大蒜頭五瓣。

器具

鍋一只。　爐一只。　鏟刀一把。　刀一把。　碗一只。

製法

將新鮮黃魚用刀除好。洗淨後。再將油鍋燒熱。倒入烹煎一小時。盛起藏於香糟缽內。用器蓋密勿使洩氣。翌日將糟略為刮去入鍋中煮之。下以陳黃酒醬油大蒜頭等作料越一刻鐘即可啖食。另有一番風味。非尋常烹調法所可比擬也。

注意

黃魚俗名夏魚。吾鄉於立夏日除食海螄、櫻桃、梅子、杏子、酒釀、新蠶豆子及鹽鴨蛋外。此魚必烹食之。

第三十二節　西湖醋魚

材料

�尠魚一尾。　醬油六兩。　笋丁半杯。　藕粉一杯。　葷油六兩。

器具

鍋一只。　爐一只。　鏟刀一把。　刀一把。　瓷盆一只。

製法

將鰣魚用刀去鱗雜洗淨對剖為二橫斷為三置於瓷盆中上鍋蒸之勿著水煮則鮮而且嫩一面調葷油入鍋並加細笋丁俟滾起乃調藕粉傾入攪勻出所蒸之魚即將油鍋離火入魚後將鍋一掀令魚翻身即佳不宜燒之過久也。

注意

又法將魚不落鍋。即用煎濃之葷油醬油笋丁藕粉等作料澆之魚面者亦美。肉頗皎潔而味鮮淡亦適口。

第三十三節　燒藕肉

材料

鮮藕一碗。　豬肉半斤。　陳黃酒半兩。　食鹽少許。

器具

鍋一只。　爐一只。　刀一把。　匙一把。　大碗一只。

製法

將藕洗淨泥質。削去其皮。用刀切成纏刀塊。再將豬肉切成薄片一同入鍋加清水煮之。沸後加酒及煮爛熟糝些食鹽再煮片時湯潔可鑑人。味美而衞生

注意

食鹽少下為上。愈淡愈妙。功能強胃解暑為夏菜上品。若羼雜扶助品。（卽和頭）則遜色不少矣。

第三十四節　烤鱖魚

材料

鮮鱖魚一尾。　陳黃酒二兩。　醬油二兩。　松仁一盅。　雪裏蕻半杯。

網油一大方。　葷油六兩。

器具

鍋一只。　爐一只。　刀一把。　筷一雙。　碗一只。

製法

將鱖魚用刀切塊。去刺。然後加陳黃酒醬油松仁雪裏蕻等作料取筷拌勻消浸片時。卽用網油包裹。以線紮緊置碗上鍋蒸七八分熟。卽可取起。入熱油鍋內煠之。俟極黃脆。撈起。卽熟爛之外焦裏嫩異常香美也。

注意

按松江鱸魚亦可採納此法。酌量五味行之。再粵菜有拆燒即烤肉。將全豬製成法亦如之。西人稱粵菜為唐菜實則不能代表中國全部也。

第三十五節　蒸蛋

材料

雞蛋四枚。　火腿屑半杯。　干貝四五箇。　乳腐露半杯。　葷油一兩。陳黃酒一兩。　食鹽一撮　葱屑少許。

器具

鍋一只。　爐一只。　筷一雙。　厨刀一把。　匙一把。　大碗一只。

製法

將雞蛋用筷調之極和不必加水。再加入火腿屑干貝乳腐露葷油陳黃酒食鹽葱屑等置飯鍋蒸之二透便熟味極肥美。（治干貝法詳第三編葷菜欄內第三十九節）且干貝豎食可橫嚼亦可其嫩無匹

109

注意

乾燉日蒸。和水曰燉。方法自有分別。如用銀魚亦鮮。俗名泥魚又名灰閒大小均美吾家相傳掃墓祭祖必用刀魚灰閒二色故族中至今仍之。回憶曩時家君嘗爲予言之。

第三十六節　粉蒸魚

材料

大鯽魚一尾。　腿花肉四兩。　藕粉一盅。　陳黃酒二兩。　醬油二兩。香菌半兩。　食鹽葱屑薑末等少許。

器具

鍋一只。　爐一只。　竹架一箇。　刀一把。　磁盆一只。

製法

將鯽魚用刀除好。洗淨後置入磁盆中用陳黃酒醬油食鹽淹好上面鋪以肉腐和些藕粉。再加香菌葱屑薑末等。在炊飯鑊時蒸之。燜五分鐘即可取食。

注意

多蒸則火候過。魚老而不鮮矣。

第三十七節　蒸熊掌

材料

熊掌一只。　陳黃酒二兩。　醬油二兩。　酸醋及薑蒜少許。

器具

鍋一只。　爐一只。　洋盆一只。　厨刀一把。

製法

將熊掌用溫水泡過。俟頓撈起。再用沸水泡洗去毛令淨。裝入洋盆中。加以陳黃酒酸醋上鍋蒸爛。拆骨用刀切片。再入盆中同雞肉汁醬油酸醋薑蒜等再蒸至極爛熟爲度。

注意

熊掌爲八珍之一。雖非普通家庭所宜食。然製法不可不知。茲錄蒸熊

掌一法聊貢老饕家之嘗試云爾。

第三十八節　蒸豬腦

材料

豬腦二付。　網油一方。　陳黃酒半兩。　醬油半兩。　水薑二片　食

鹽少許。

器具

鍋一只。　爐一只。　鍋架一箇。　刀一把。　碗一只。

製法

將豬腦抽柴心捲盡紅筋。漂洗水中。乃用網油包裹以線紮住。盛入碗

中。加以陳黃酒醬油薑片食鹽等。上飯鍋蒸炖成熟。便可嗽矣。

注意

又法。用雞蛋麪粉入油鍋炸之。味不讓於高麗肉。

第三十九節　蒸火貝

材料

火肉片半杯。　干貝半杯。　陳黃酒一兩。　蝦子醬油半兩。　白糖少許。

器具

鍋一只。　爐一只。　架一箇。　刀一把。　碗一只。

製法

將火肉用刀切成厚片。再將干貝用陳黃酒浸放。約一小時另置碗中。上蓋火肉。再下陳黃酒及蝦子醬油白糖用紙封好碗口入鍋蒸之。四五透可食。

注意

蒸二三箇飯鑊亦佳。

第四十節　蒸刀魚

材料

刀魚一尾。　陳黃酒一兩。　醬油一兩。　板油一方塊。　茨粉一撮。

香菌笋片若干

器具

鍋一只。　爐一只。　鏟刀一把。　架一箇。　碗一只。

製法

將刀魚洗淨以橄欖汁塗刀魚脊骨上。將脊鰭刺入鍋蓋上鍋中盛陳黃酒醬油及板油小塊等作料細火燒之則魚肉盡落鍋中略加茨粉和之。使魚肉成厚糊漿狀。加以香菌筍片。將魚盛入碗中。略加肉汁味。絕美而無骨鯁之患。若無肉汁加入。恐無此美耳。

又有一法。亦可無骨鯁之患。法用刀將魚背切之。使其碎骨盡斷而置鍋內煎之。使成黃色。再加以作料。則食時其骨似無味亦鮮美。

第四十一節　蒸鰣魚

材料

鰣魚一尾。　酒釀半杯。　蜜糖半兩。　陳黃酒一兩。　食鹽半兩。

器具

鍋一只。　爐一只。　架一箇。　刀一把。　碗一只。

製法

將鰣魚去腸不去鱗。用布拭去血水。放入碗內。加酒釀蜜糖陳黃酒食鹽等作料蒸之再用火腿湯雞湯笋湯煨之或油煎加醬油酒釀亦佳。

注意

鰣魚不可去其背鱗蓋肥美在鱗若去鱗則眞味全失矣。

第四十二節　蒸空心肉丸

材料

鮮豬肉半斤。　葷油一杯。　陳黃酒一兩。　醬油一兩。　食鹽葱薑各少許。

器具

鍋一只。　爐一只。　厨刀一把。　匙一把。　洋盆一只。

製法

將豬肉內油網淨盡用刀剁碎成糜然後將陳黃酒醬油食鹽葱薑等作料淆浸一過取凍葷油一小團作餡子置肉內製成圓入盆裝好乃

上飯鍋蒸熟則油滾去而肉圓空心矣。

注意 按此種肉丸鬆美可口。雖老人無齒者亦能昭之法以鎮江人爲最善。

第四十三節　酒炖肉

材料 豬肉一斤。　陳黃酒一碗。　醬油一杯。　花椒葱薑少許。

器具 鍋一只。　爐一只。　鏟刀一把。　厨刀一把。　鍋架一箇。　碗一只。

製法 將豬肉入水焯過。一透取出用刀切成方塊。同陳黃酒清水炖有七八分熟加入醬油及花椒葱薑等物不可蓋鍋蓋俟其將熟蓋鍋蓋以燜之。不可用武火總以文火爲佳燜爛分外清香。

注意

酒炖肉或先用老燒法。將肉入油鍋內煑透。令皮帶赤。然後用黃酒醬

油花椒葱薑等炖之。

第四十四節　煨蒲芽

材料

蒲芽四兩。　火腿汁一碗。

器具

鍋一只。　爐一只。　碗一只。

製法

將蒲芽剝去其根。用水洗淨後。入鍋加火腿原汁煨之。煨熟啗之。味最

嫩鮮。淮人常食之。

注意

蒲芽春時爲嫩至夏時須多剝幾層味亦佳勝。

第四十五節　煨南腿

材料

南腿一斤。　白菜一棵。　蜜糖半杯。　酒釀半杯。

器具

鍋一只。　爐一只。　厨刀一把。　鏟刀一把。　碗一只。

製法

將南腿一方用刀削下外皮去油存肉卽用肉汁將皮煨爛再用雞汁將肉煨爛放入白菜心連根切段約二寸許長加蜜糖酒釀清水等用文火煨半日食之上口甘鮮肉菜入口卽化矣。

注意

南腿卽雲南火腿出金華蘭溪義烏三處者亦佳煮熟後若離湯乾放

碗中。則風燥而肉枯。再用白水煮之。則味淡。最好留些原湯待下次用

以同煮其味不變。

第四十六節　烤兔子

材料

兔子一只。　腿花肉半斤。　雞蛋二筒。　香菜胡椒陳黃酒食鹽各少

許。　葡萄酒半杯。　乾麪粉一碗。

器具

刀一把。　鐵條一根。　叉子一把。　洋盆一只。

製法

將野兔子皮剝下並破肚洗淨。耳朵尾巴須剝周全。四蹄斬去。把四條

腿彎曲貼身用鐵條前後串過去把頭用小鐵條從口裏串進如活兔

擡頭之狀。先將兔子肝切碎加肉腐香菜胡椒陳黃酒食鹽用雞蛋調

和。塞入肚內。烤時先用叉子叉幾箇小孔。用葡萄酒擦一擦。掛在火前用乾麪粉漿塗抹在外面烤熟揭去麪漿。再用生雞蛋擦在週身。隨烤黃色。香脆留齒。頗韻味超羣。

注意

野免色黃褐。味美。家免色白。味酸不堪食。

第四十七節　烤牛肉——羊肉

材料

牛肉一斤。　食鹽三兩。　乾麪粉少許。

器具

火爐一只。　鐵叉一箇。　大洋盆一只。

製法

將牛肉一塊。擦鹽於其上。醃一二小時。用鐵叉掛在火爐前。掛平須離火稍遠。先烤有骨頭之一面烤熟再反過來。離火近一點不多一刻時候。卽可烤熟烤時用器放在肉下所出之湯汁頻澆在肉上未熟之前半小時用些乾麪粉撒在肉上以防枯焦。

注意

烤羊肉法同。

第四十八節　煮鮑魚

材料

鮑魚半斤。　陳黃酒一兩。　食鹽少許。　蠶繭數箇。

器具

鍋一只。　爐一只。　碗數只。

製法

將鮑魚洗淨。同清水入鍋煮之。約一小時。將原湯傾出另儲一處。重入

心一堂　飲食文化經典文庫

清水並加以蠶繭數箇同煮歷半小時卽爛然爛則爛矣惟魚中沾有蠶氣尚不可食卽將繭與湯一併棄去復加淸水煮之如繭氣一次難盡再易淸水一次終以煮至無繭氣爲止然後將初次煮出之湯（卽原湯）加入更下以雞汁煮片時下陳黃酒食鹽少許待至一透卽成可口之物故如法烹煮則鮑魚無有不鬆爛者

注意

設烹煮時不用蠶繭同煮雖經日夜煮之仍堅硬如常。

第四十九節　煮蓮肚

材料

豬肚子一只。　湘蓮子四兩。　食鹽葱薑各少許。

器具

鍋一只。　爐一只。　厨刀一把。　盆一只。

製法

將豬肚子洗淨用食鹽擦透。將湘蓮子去心。納入肚內。以線紮住下鍋加清水炊之。燒透加些食鹽蔥薑之類。然後用文火煨之。火候到即可食。

注意

病人宜淡食。大有開胃健脾之功。洗肚用赤砂糖或食鹽同擦臭味即無。湘蓮俗稱紅蓮可以代茶。

第五十節　煮魷魚

材料

魷魚半斤。　陳黃酒二兩。　醬油二兩。　薑末蔥屑葷油各少許。

器具

沙鍋一只。　銅鍋一只。　大爐一只。　洗帚一箇。　廚刀一把。　大碗一只。　筷一把。

製法

將魷魚放入沙鍋中。加清水煮五分鐘。再將米泔水浸一晝夜。用洗帚洗淨。換清水漂三日撩起用刀切成骨牌塊。浸漬於陳黃酒醬油薑末中。越一小時之久。另用銅鍋燒沸雞湯。加以葱屑葷油如食宵夜然食時。將筷取魚一塊。浸入熱湯中燙之。霎時可食味絕鮮嫩可口。

注意

取食時。蘸以醬醋等味亦可口。

第五十一節　燒靑蛙

材料

肥靑蛙半斤。　茭白四箇。　葷油一兩。　陳黃酒半兩。　醬油一兩。

白糖食鹽少許。

器具

鍋一只。　爐一只。　剪刀一把。　刀一把。　碗一只。

製法

將青蛙用剪刀剪開脛頸。向下剝去其皮剪去其爪漂洗潔淨。然後入油鍋爆之少時下以鹽酒再下茭白片醬油清水。最後用白糖和入旋卽嘗味盛起供食昭之味鮮無埒。

注意

將毛荳子加入少許。更爲美觀。

第五十二節　燒豬肝

材料

豬肝一塊。　葷油半兩。　陳黃酒一兩。　醬油一兩。　食鹽白糖少許。

器具

鍋一只。　**爐**一只。　**鏟刀**一把。　**刀**一把。　**碗**一只。

製法

將豬肝用刀切成細條。入清水漂清後。卽倒下熱油鍋內爆之。摻些食鹽。再炒片刻。傾下陳黃酒再行蓋鍋蓋。俟其透味。放以醬油清水燒沸。和以白糖起鍋啖之。味甚鮮嫩。

注意

清水若換雞肉汁其味尤鮮。

第五十三節　燒雪魚

材料

塘裏魚六條。　雪裏蕻半碗。　陳黃酒半兩。　醬油一兩。　葷油一兩。白糖蔥薑少許。

器具

鍋一只。　爐一只。　刀一把。　鏟刀一把。　碗一只。

製法

將塘裏魚除去鱗雜。破肚去膽。洗淨後。乃淆在醬油陳黃酒葱薑之調和液中。浸漬半小時即下熱油鍋中煎之。煎透傾下陳黃酒蓋關片時。再下以醬油雪裏蕻及清水一碗燒透加白糖和味。即可鏟入碗中不論喝酒下飯時啜之味均鮮美

注意

將塘裏魚先以薄鹽醃一夜可以不必浸漬調和液中。

第五十四節　燒蠶荳魚

材料

新蠶荳子一碗。　塘裏魚半斤。　葉油二兩。　陳黃酒二兩。　醬油二兩。　白糖食鹽少許。

器具

鍋一只。　爐一只。　鏟刀一把。　刀一把。　碗一只。

製法

將新鱲荳子剔成荳瓣。再將魚除淨浠好。然後將油鍋燒熱。倒入煠之。少時下以陳黃酒。使去腥氣。再隔片時下以醬油食鹽燒一透嘗味加糖。味和卽可供飯餐矣。

注意

若易以老鱲荳則味遜色矣。

第五十五節　燒豬頭膏

材料

豬頭一箇。（約五六斤重）　陳黃酒三斤。　茴香三錢。　葱三十枝。醬油一碗。　白糖二兩。

器具

鍋一只。　爐一只。　厨刀一把。　鏟刀一把。　缽一只。

製法

將豬頭用開水泡過再用厨刀刮去毛污洗之極淨用鹽擦遍越二三小時入鍋加黃酒煮之茴香及葱亦於同時放下煮二百餘滾傾入醬油白糖俟爛嘗味再加沸水半鍋用武火燒一小時然後以文火收膏將鏟盛入缽中待冷成凍卽名豬頭膏。

注意

豬頭食法以斯法爲上餘則不佳。

第五十六節　爦腿筒

材料

腿筒二斤。　陳黃酒一斤。　醬油半碗。　紅棗五箇。　陳皮一錢。　葱

一三〇

屑椒末少許。

器具

熿鍋一只。　風爐一具。　大瓷匙一把。　大湯碗一只。

製法

將腿筒洗淨。先用清水熿爛。卽行去湯。再將陳黃酒醬油紅棗陳皮等放入一同熿爛起鍋時摻入葱屑椒末。然後去紅棗陳皮卽可食矣。

注意

若能先用雞湯代水熿爛愈佳。

第五十七節　炒蛋蟹

材料

雞蛋四枚。　木耳十只。　葷油二兩。　鎮江醋半盅。　生薑米半盅。白糖少許。

器具

鍋一只。　爐一只。　鏟刀一把。　碗一只。

製法

將雞蛋黃白分開各自打和拌以木耳木耳須切大小不等之塊置油鍋中炒之再加鎮江醋與生薑米霎時和入白糖旋即取出盛於碗中。

其味與色不亞於眞蟹

注意

最好和入蒸熟鰳魚一尾味尤美。

第五十八節　炒南瓜

材料

青南瓜四兩。　葷油半兩。　食鹽一撮。

器具

鍋一只。　爐一只。　刀一把。　鏟刀一把。　洋盆一只。

製法

將南瓜用刀切絲倒入葷油鍋中炒之。引鏟攪炒不可停手少時可以下鹽即行起鍋其嫩無比。

注意

南瓜老熟者不能炒食以煮食爲宜南瓜又名番瓜。

第五十九節　炒牛肉絲

材料

牛肉半斤。　葷油二兩。　醬油三兩。　葱薑及酸醋天花粉各若干。

器具

鍋一只。　爐一只。　厨刀一把。　鏟刀一把。　碗一只。　盆一只。

製法

將牛肉用刀切成細絲。取醬油葱薑洀於碗中。浸漬十五分鐘另以醋天花粉各少許放入調和然後燒熱油鍋倒入炒之約引鑐炒七八炒將鐵鍋起去二三撋卽佳其味鮮嫩無比

注意

照此炒法可免老而乏味。惟酸醋不宜過多恐酸而不鮮肉料選肘子爲佳。

第六十節　炒羊肉絲

材料

羊肉一斤。　醬油四兩。　菜油二兩。　陳黃酒二兩。　韭菜一紮。　大蒜葉二枝。　白糖眞粉少許。

器具

鍋一只。　爐一只。　鏟刀一把。　厨刀一把。　洋盆一只。

製法 將羊肉去其皮骨用刀切成細絲用醬油洅好片時將油鍋燒熱待沸倒下炒之脫生後下陳黃酒醬油淸水略煨片刻起鍋紅色加韭菜尤香並下白糖眞粉愈細愈佳再用大蒜葉切絲拌之。

注意 羊有羶氣加入剌眼核桃可吸去古法也。

第六十一節　炒假竹雞

材料

精豬肉六兩。　醃菜冬菜晚菘共半碗。　陳黃酒一兩。　醬油一兩。　白糖藕粉少許。　葷油一兩。

器具

鍋一只。　爐一只。　刀一把。　鏟刀一把。　碗數只。

製法

將精肉用刀切成骨牌片。漂洗潔淨。放在陳黃酒醬油碗中。浸漬二三小時然後將油鍋燒沸。將肉倒入油中。引鏟徐徐炒之。少時下以浸漬之陳黃酒醬油。再炒片時。復加醃菜冬菜晚菘等扶助品用細丁併和一透之後。和以白糖藕粉。將鍋關蓋少選。乃起鍋關之。味鮮芳香。

注意

炒眞竹雞法同。不備述。

第六十二節　炒雨前蝦仁

材料

蝦仁一碗。　雨前茶葉一撮。　雞蛋一枚。　食鹽少許。　葷油一兩。

器具

鍋一只。　爐一只。　鏟刀一把。　洋盆一只。

製法

將雞蛋打開。去黃留白打之極和。加茶葉和蝦仁拌勻。滲下食鹽卽可倒入熱油鍋內炒之速炒片時卽行起鍋食之嫩香甘美。

注意

若用雞汁作羹湯亦饒風味。

第六十三節　炒火腿蛋

材料

雞蛋四枚。　牛奶油三匙。　灰麪三匙。　牛乳一杯。　食鹽胡椒末少許。　火腿丁小半杯。

器具

鍋一只。　爐一只。　鏟刀一把。　筷一雙。　碗一只。　洋盆一只。

製法

將雞蛋打於碗內用筷將蛋白蛋黃攪勻。先以鍋盛牛奶油。向火間溶化。復加灰䴱牛乳以小火煮之。煮次時以鏟攪動俟其起白皮時。再以食鹽胡椒末火腿丁。同雞蛋加入又置鍋於微火之上烘之片時卽熟

注意

腐敗之卵食之有礙衞生不堪用。

第六十四節　炒木樨蛋

材料

雞蛋三四枚。　木樨醬一杯。　文冰半兩。　菜油二兩。　山楂糕二塊。茨粉少許。

器具

鍋一只。　爐一只。　鏟刀一把。　厨刀一把。　筷一雙。　洋盆一只。

製法

將雞蛋打極透少加茨粉再與木樨醬冰糖水調和然後倒入熱油鍋內炒之引鏟竭力攪拌比蛋漸濃厚取出加山楂糕丁卽得以之饗客倍極歡迎。

注意

炒時攪拌宜速油亦宜多則質厚而不黏勻味乃異常甜美

第三章　素菜

第一節　三鮮湯

材料

蔴菰八只　冬笋一只　冬菜半兩　醬油半兩　食鹽少許　蔴油數滴。

器具

鍋一只　爐一只　厨刀一把　大湯碗一只

製法

將蔴菰放好。用食鹽擦去沙質。入鍋煮湯。煮一透。將冬筍片冬菜絲放下。再一透。加以醬油食鹽卽行關蓋燒熟。然後盛入大湯碗中用蔴油滴下。食之湯味清美

注意

冬筍冬菜先用油炒熟。然後同蔴菰煮成湯亦可。

第二節　三絲湯

材料

筍一只。　扁尖牛兩。　榨菜牛兩。　食鹽一撮。　蔴油少許。

器具

鍋一只。　爐一只。　刀一把。　大湯碗一只。

製法

將笋脫殼切絲先行煮半熟再將扁尖榨菜切絲同笋絲煮之羹沸加以食鹽霎時即可起鍋滴以蔴油味亦香美

扁尖須先用水放嫩。

第三節 莫玉湯

材料

莫玉六只。　笋一只。　香菌六只。　陳黃酒半兩。　食鹽半兩。　白糖少許。　蔴油數滴。

器具

鍋一只。　爐一只。　大湯碗一只。

製法

將莫玉用陳黃酒浸之片時同清水入鍋煮之再將笋片香菌放入加

以陳黃酒食鹽燒二三透和下白糖，即可起鍋。用蔴油滴入，便可食矣。

注意

香菌亦先用水放之。

第四節　冬菇湯

材料

冬菇八只。　笋一只。　香菌八只。　醬油半兩。　食鹽少許。　蔴油數滴。

器具

鍋一只。　爐一只。　刀一把。　碗一只。

製法

將冬菇同香菌用沸水放過。用笋切成小塊放入鍋中煮成湯，以醬菇油食鹽起鍋時滴以蔴油更覺清香。

注意

白糖稍下亦鮮。

第五節　粉皮湯

材料

粉皮四張。　扁尖四根。　毛荳子半杯。　醬油一兩。　食鹽一撮。　白糖蔴油少許。

器具

鍋一只。　爐一只。　刀一把。　碗一只。

製法

將粉皮用刀切成四五分之長條。用溫水揑清。再將扁尖撕絲毛荳剝子。一同入鍋煮之。加下醬油食鹽燒三四沸卽可食

注意

143

粉皮不用熱水揑過有酸氣。

第六節　清筍湯

材料

筍二只。　京冬菜半兩。　陳黃酒少許。　醬油二兩。　白糖蔴油少許。

器具

鍋一只。　爐一只。　刀一把。　碗一只。

製法

將筍去殼用刀切成薄片入鍋加清水煮之。煮沸加下京冬菜并加入陳黃酒醬油再煮數沸摻以白糖食時滴入蔴油其味清香。

注意

湯水用蔴菰湯或香菌湯最鮮。

第七節　豆腐鬆湯

材料

豆腐二方。　菜油二兩。　蔴菇六只。　醬油一兩。　食鹽少許。　白糖

蔴油少許。

器具

鍋一只。　爐一只。　碗一只。　布一方。

製法

將豆腐用布擠乾其水。再將油鍋燒熱。倒下煎之。以煎鬆爲度。然後加蔴菇及湯煮之少時再以醬油食鹽白糖依次和下卽可。

注意

煎時以油爲住否則不鬆。

第八節　海帶絲湯

材料

海帶絲二兩。　香菌木耳半兩。　笋半只。　食鹽半兩。　蔴油少許。

器具

鍋一只。　爐一只。　鏟刀一把。　大湯碗一只。

製法

將海帶絲用熱水過清用刀切成寸段同放好之香菌木耳及笋絲加香菌湯煮之待沸下以食鹽數透卽熟用鏟刀盛於碗中加些蔴油味香無比。

注意

食辣者湯內酌加辣油少許不食者可隨意。

第九節　油豆腐湯

材料

油豆腐十箇。　扁尖絲少許。　香菌十只。　醬油二兩。　白糖蔴油少許。　辣油半匙。

器具

鍋一只。　爐一只。　鏟刀一把。　湯碗一只。

製法

將油豆腐用刀切成兩塊。同扁尖絲香菌醬油等同煮二沸之後。加以白糖蔴油辣油即可食矣。

注意

油豆腐一名油麰筋。

第十節　葛仙米湯

材料

葛仙米半杯。　筍一只。　陳黃酒半兩。　食鹽一撮。　白糖蔴油少許。

器具

鍋一只。　爐一只。　刀一把。　鏟刀一把。　碗一只。

製法

將葛仙米浸放沸水中。待其發胖。加筍屑清水煮之。須用文火徐徐燜

爛下以食鹽再加白糖蔴油乃用匙食之。

注意

葛仙米先用瓦罐燜爛。費時較省。

第十一節　醃糟黃荳芽

材料

糟黃荳芽半斤。　醬油二兩。　食鹽半兩。　白糖蔴油少許。

器具

鍋一只。　爐一只。　鏟刀一把。　盆一只。

製法

將黃荳芽摘根入鍋加清水醬油食鹽煮熟用糟糟透卽成糟黃荳芽

再用醬油蔴油白糖醮食清香動人

注意

或用糟油拌食味亦相等。

第十一節　醃煨竹笋

材料

竹笋四只。　榨菜半兩。　醬油二兩。　白糖蔴油少許。

器具

厨刀一把。　盆一只。

製法

將竹笋帶殼放在熱火灰內。十分鐘後取出剝殼。卽熟。然後用刀切成塊。再將榨菜切成絲。一同用白糖醬蔴油拌於盆中卽可。

注意 過生過熟均不佳。

第十三節　醃腐干絲

材料

荳腐干四塊。　大頭菜（蕪菁）半箇。　醬油半兩。　白糖蔴油少許。

器具

盆一只。　刀一把。

製法

將荳腐干用刀切絲。大頭菜亦切爲絲。卽用白糖醬蔴油拌和可食。

注意

荳腐干以吾邑出產之山泉荳腐干爲最香。蕪菁產自寧波最大。

第十四節　拌荳板

材料

蠶荳半升。　醬油二兩。　蔴油少許。　芥辣粉一撮。

器具

鍋一只。　爐一只。　盆一只。

製法

將蠶荳浸胖。約一夜去皮裝盆上鍋蒸熟。拌上醬蔴油。摻些芥辣粉其味甚爲鮮美。

注意

蒸時須一氣蒸熟否則不酥。

第十五節　醃假茝笋

材料

菜花菜梗四兩。　食鹽一撮。　醬油一兩。　白糖蔴油少許。

151

器具

盆一只。　刀一把。

製法

將梗剝去其皮並去其細筋切成小塊。或成寸段用食鹽醃片時再用醬蔴油及白糖拌之卽成。

注意

菜花菜卽油菜。一名蕓薹嫩時稱羽毛菜。（卽青菜）四時都有。

第十六節　醃毛荳莢

材料

毛荳莢半斤。　食鹽二兩。

器具

鍋一只。　爐一只。　盆一只。

製法

將毛荳莢剪去兩頭。洗淨後。倒入鍋中煮爛。然後加下食鹽一透之後。便可食矣。

注意

以糟油拌食最美。

第十七節　醃洋菜

材料

洋菜半兩。　毛荳子二匙。　扁尖四根。　醬油二兩。　白糖蔴油少許。

器具

洋盆一只。　刀一把。

製法

將洋菜扁尖用溫水泡好。用刀切斷。同熟毛荳子拌以醬蔴油及白糖。

153

即可供食矣。

注意

洋菜泡時。用水不可過熱以防融化。

第十八節　拌百葉

材料

百葉三張。　醬油半兩。　白糖蔴油少許。

器具

洋盆一只。　刀一把。

製法

將百葉切細條。用溫鹼水泡嫩。瀝乾水汁。用醬蔴油白糖醃入盆中即得。

注意

百葉不用鹼水泡過。食之不嫩。

第十九節　拌胡蔥

材料

胡蔥七八枝。　醬油半兩。　蔴油少許。

器具

洋盆一只。

製法

將胡蔥揀盡枯葉幷去其根。在滾水中浸透。拌以醬油蔴油乃可食。

注意

北人喜食之。有用青蒜亦可。

第二十節　炙臭荳腐乾

材料

白坯荳腐乾三十塊。　鹽水一鉢。　菜油二斤。　醬蔴油若干。

器具

油鍋一只。　筷一雙。　盆一只。

製法

將荳腐乾浸在鹽水中。夏季浸一夜卽可。投入熱油鍋內氽黃拌以醬蔴油下粥最清香可口。

注意

有不用醬蔴油而用辣虎拌而食之。夏秋時常有售。

第二十一節　炒假笋片

材料

芋麥梗四兩。　鹽鹵半杯。　菜油一兩。　醬油半兩。　白糖蔴油少許。

器具

鍋一只。　爐一只。　鏟刀一把。　盆一只。

製法

將芋麥梗去苞粒用刀切成筍片倒入熱油鍋中炒之約炒三四分鐘加以醬油清水一透之後和以白糖起鍋另滴蔴油香味更佳。

注意

廢物利用變作美品有裨於經濟。

第二十二節　炒雪筍塊

材料

雪裏蕻四兩。　筍一只。　毛荳子半杯。　菜油一兩。　醬油一兩。　白糖蔴油少許。

器具

鍋一只。　爐一只。　鏟刀一把。　洋盆一只。

製法

將笋切小塊。雪裏蕻切細屑。一同倒熱油鍋中炒片時。放下毛荳子醬油清水再燒一二沸。和下白糖即可鏟入盆中將蔴油滴入其味頗美。

注意

切笋絲亦可。

第二十三節　炒菱白絲

材料

菱白八箇。　菜油半兩。　醬油半兩。　白糖蔴油少許。

器具

鍋一只。　爐一只。　鏟刀一把。　洋盆一只。

製法

將菱白先切薄片。再切成細絲。然後將菜油燒沸。倒下炒之少時加以

注意

焱白絲內可加雪裏蕷屑爲佐助物。

第二十四節　炒長荳

材料

長荳四兩。　菜油半兩。　食鹽少許。

器具

鍋一只。　爐一只。　鏟刀一把。　碗一只。

製法

將長荳剪成寸段用清水洗淨。倒油鍋內炒之。將食鹽放入。再隔片時。

注意

下以清水。即行關蓋煮熟。霎時可食

長莖以嫩爲可口一名豇莖。

第二十五節　炒素肉丸

材料

荳腐三塊。　笋屑一杯。　香菌木耳屑半兩。　食鹽少許。　醬油二兩。

荳腐衣六張。　白花菜一碗。　白糖少許。　菜油四兩。

器具

鍋一只。　爐一只。　布一方。　鏟刀一把。　碗一只。

製法

將荳腐去水同笋屑香菌木耳屑拌在一起。加以醬油食鹽再拌然後用荳腐衣包裹成圓卽行放入油內爆透摻些食鹽少選再下醬油白花菜清水關蓋煮一二透。加糖嘗味再食。

注意

心一堂　飲食文化經典文庫

笋屑香菌木耳屑愈細愈好。

第二十六節　炒芥藍菜

材料

芥藍菜半斤。　素油一兩。　醬油一兩。　白糖黃酒少許。

器具

鍋一只。　爐一只。　鏟刀一把。　碗一只。

製法

將芥藍菜洗淨再行切碎即將油鍋燒沸倒下炒三四分鐘下以醬油少選再下黃酒即時起鍋便可嘗味。

注意

芥藍菜俗名橄欖菜。

第二十七節　炒大蒜頭

材料

大蒜頭半斤。　菜油二兩。　醬油一兩。　黃酒白糖少許。

器具

鍋一只。　爐一只。　鏟刀一把。　碗一只。

製法

將大蒜頭去根鬚洗淨後。倒入熱油內炒之。少時加以黃酒關蓋時再加醬油及清水一碗。燒爛稍下白糖即就。

注意

用大蒜梗同煮亦可。

第二十八節　炒韭菜

材料

韭菜二觔。　百葉四張。　黃酒食鹽少許。　菜油一兩。

器具

鍋一只。　爐一只。　鏟刀一把。　碗一只。

製法

將韭菜切成寸許之段百葉切絲。即將油鍋燒熱。傾下炒之。加些食鹽黃酒微下清水二透可食。

注意

韭菜隔夜有毒。不宜再食。

第二十九節　炒蔴菇

材料

蔴菇八只。　香菌八只。　木耳半兩。　白花菜一杯。　食鹽白糖蔴油少許。　醬油一兩。　菜油二兩。

器具

鍋一只。　爐一只。　鏟刀一把。　碗一只。

製法

將蔴菰放去沙質。倒鍋內炒之。片時加下香菌木耳白花菜再炒二三分鐘傾以放好之蔴菰香菌木耳水。再下食鹽醬油燒一二透嘗味加糖及蔴油卽可食矣。

注意

放過之汁水宜去腳用之。

第三十節　炒素十景

材料

蔴菰八只。　冬菇八只。　荳腐衣二張。　油荳腐八箇。　扁尖四根。

香菌八只。　笋一只。　白果八箇。　毛荳子半杯。　油條八根　食鹽

半兩。　醬油二兩。　白糖蔴油半兩。　菜油三兩。

器具

鍋一只。　爐一只。　鑢刀一把。　大海碗一只。

製法

將蘼菰冬菇扁尖香菌白果放好荳腐衣扁尖切絲。油荳腐筍切片同毛荳子油條倒入熱油鍋內炒之約八九分鐘下以食鹽醬油及蘼菰湯等。然後關蓋燒熟起鍋前再和入白糖蘼油一透便可食矣。

注意

蘼菰湯不敷應用時加以清水煮之。

第三十一節　大燒羅漢

材料

荳腐四方。　葛仙米半兩。　蘼菰十只。　香菌十只。　筍一只。　食鹽少許。　醬油二兩。　白糖蘼油少許。　菜油二兩。

器具

鍋一只。　爐一只。　刀一把。　碗一只。

製法

將葛仙米蔴菰香菌用沸水放足將筍切片。再將荳腐製成圓倒下油鍋煎黃。然後將上列之物倒入加以食鹽醬油清水等煮三四透和入白糖盛起。以蔴菰香菌筍片腐圓裝於碗底面上鋪葛仙米用蔴油滴入少許卽就。

注意

腐圓製法見炒素肉丸法。

第三十二節　蔥燒荳腐

材料

荳腐四方。　胡蔥八枝。　食鹽少許。　醬油半兩。　白糖二匙。　菜油一兩。

器具

鍋一只。　爐一只。　刀一把。　鏟刀一把。　碗一只。

製法

將嫩荳腐用刀切作骨牌塊。待油鍋沸時。下油鍋煎之。煎透。下以食鹽。少時再下胡葱段醬油清水等。關蓋燒一二透。加糖和味。餤味頗佳。

注意

酌加砂仁末。以引香味更佳。

第三十二節　小燒荳腐

材料

嫩荳腐五方。　香菌六只。　金針菜少許。　木耳六只。　食鹽少許。醬油半兩。　白糖一撮。　香料少許。　菜油二兩。

167

器具

鍋一只。　爐一只。　刀一把。　鏟刀一把。　碗一只。

製法

將壹腐切成小塊。先行入鍋煎黃。摻些食鹽。加以香菌金針菜木耳等扶助物。再加清水香料醬油如已入味和下白糖然後食之。

注意

小燒壹腐俗稱雞搜壹腐材料放多。卽大燒壹腐矣。

第三十四節　紅燒茄子

材料

茄子六只。　韮菜一紮。　食鹽少許。　醬油二兩。　甜醬二匙。　陳黃酒白糖少許。　菜油二兩。

器具

鍋一只。　爐一只。　鏟刀一把。　碗一只。

製法

將茄子切纏刀塊。韭菜切斷。然後將油鍋燒熱倒下炒之三四分鐘。加以陳黃酒再加食鹽醬油甜醬待至燒爛和以白糖便可起鍋供食矣。

注意

茄子不必去皮。

第三十五節　紅燒山藥

材料

山藥半斤。　醬油二兩。　文冰半兩。　菜油二兩。

器具

鍋一只。　爐一只。　鏟刀一把。　碗一只。

製法

將山藥去皮用刀切成塊。即將油鍋燒熱。放下煎之。再引鑵攪動炒之。

少時加下清水一碗。蓋蓋燒爛。再傾入醬油起鍋時和以文冰俟已濃

厚鑵而食之味頗甜美。

注意

燒時再加以香料少許。

第三十六節　燒素肉

材料

荳腐三塊。　扁尖屑香菌笋屑各半杯。　荳腐衣三張。　食鹽少許。

醬油二兩。　菜油二兩。　蔴油一匙。

器具

鍋一只。　爐一只。　碗一只。

製法

將荳腐調爛，同扁尖屑香菌屑筍屑食鹽醬油菜油等料。亦將調和之，盛於碗中。上面蓋以油汆黃之荳腐衣。上飯鍋蒸熟。取起滴以蔴油，卽成素肉矣。

注意

菜油用熬熟菜油。

第三十七節　燒八寶腐丸

材料

荳腐四方。　嫩筍半只。　扁尖香菌屑半杯。　醬瓜薑三塊。　荸薺松子仁屑半杯。　眞粉一杯。　食鹽一撮。　醬油二兩。　陳黃酒少許。白糖蔴油少許。　菜油三兩。

器具

鍋一只。　爐一只。　鏟刀一把。　碗一只。

製法

將笋切屑。同扁尖屑香菌屑醬瓜醬薑小塊。及荸薺松子仁屑用刀斬細拌爛荳腐將上物一併加下。以眞粉和之捏成圓形然後煎之傾以陳黃酒食鹽醬油燒熟和入白糖味美異常

注意

用醬瓜薑以嫩爲美。

第三十八節　炖素蛋

材料

臭荳腐干四塊。　木耳金針菜香菌扁尖少許。　白糖蔴油各半匙。
薑屑半匙。　菜油半兩。

器具

飯鍋一只。　鍋架一箇。　碗一只。　筷一雙。

製法

將白坯荳腐干先一夜浸於雪裏蕻菜滷中。明日取出裝入碗中用筷調和。上面加以木耳屑、金針菜屑、香菌屑扁尖屑。另加白糖蔴油薑屑菜油等料然後移上鍋架蒸之。飯熟可食形似炖蛋。

注意

冬季須將荳腐干浸二三夜。夏令天熱一夜足矣。

第三十九節 棗油

材料

紅棗五斤。

器具

鍋一只。 爐一只。 研缽一只。 布一方。 盤一只。

製法

將紅棗入鍋煮之煮沸取出入研缽中碾細用布絞取其汁塗盤上晒乾。其形似油以手磨刮爲末收之。每以一匙於湯碗中卽成美漿宛如日本之味之素中國之味精和合粉。

注意 加入甜酸等味均佳。和麪內食之裨益脾胃。

第四十節　客製菌油

材料 鮮菌二斤。　菜油二兩。　醬油二斤。　食鹽少許。　蔴油四兩。

器具 鍋一只。　爐一只。　鏟刀一把。　缽頭一箇。　蓋一箇。

製法 將鮮菌洗淨。用菜油入鍋煎之三四分鐘後下以醬油食鹽卽用細火熬之越一小時用鑊盛入缽中待冷以蔴油傾和即可起用夏日不壞。

菌油爲素食良友誠素食者不可不辦之扶助品也吾邑虞山松菌最有名茅柴菌次之用製菌油特良如能裝成罐頭食物可以運銷內地較之冠生園用乾菌放製者不啻有雲泥之判矣。

第四章　鹽貨

第一節　鹽豬頭

材料

豬頭一箇。　食鹽二斤。　陳黃酒牛斤。　花椒一兩。

器具

二斗缸一只。　鐵刀一把。　重石頭一塊。　大乾荷葉三張。

製法

175

將豬頭用鐵刀斫成兩爿放入缸內擦以食鹽再加陳黃酒花椒以荷葉蓋面壓石於其上月餘取出晒乾便可烹煮供食

注意

晒時防蚊蠅來吮

第二節　鹽螺螄

材料

螺螄二斤　食鹽一斤　陳黃酒二兩　醬油蔴油少許

器具

罎一箇　笋籜三張

製法

將螺螄養清污泥用水過清倒入罎內再將食鹽陳黃酒加入用笋籜固封其口隔日可食

注意

食時拌以醬蔴油。

第三節　鹽蚌肉

材料

蚌肉五斤。　食鹽一斤。　陳黃酒二兩。

器具

鍋一只。　爐一只。　斗頭缸一只。　鼓墩石一塊。

製法

將蚌肉擠去泥沙。倒入鍋內焯一透。用清水過清。傾入缸內層層以食鹽醃勻。加以陳黃酒再將鼓墩石壓上旬餘可煮食之。

注意

蚌肉卽水菜。

第四節　鹽醋豚

材料

豚肉十斤。　食鹽十二兩。　酸醋二升。　白糖四斤。　胡椒香料一兩。

清水四升。

器具

鍋一只。　爐一只。　缸一只。

製法

將豚肉加食鹽煮五分鐘撈起。再將食鹽酸醋白糖胡椒香料清水一併入鍋煮沸。冷於缸內卽將豚肉放在缸中浸漬封固以防洩氣不出四五日卽可蒸食之。

注意

其他如豚之肚臟耳舌肝尾等。亦可同入浸之。

心一堂　飲食文化經典文庫

第五節　鹽泡魚

材料

大鯉魚一尾。（約十餘斤）　食鹽一斤，皮硝少許。

陳黃酒半斤。　菜油五斤　花椒一兩。

器具

鍋一只。　爐一只。　刀一把。　竹片二根。　缸一只。　罈一只。

製法

將鯉魚破肚去鱗雜。用竹片撐開。作魚板狀。用食鹽皮硝花椒等入鍋炒好。將魚板兩面擦透醃在缸中過一年後懸起晒乾切成長三寸闊二寸之魚塊用陳黃酒浸五分鐘撈起吹乾。然後將罈內洗淨用火烘乾。加熬熟菜油於罈內冷一宵。將魚浸堆其中以浸沒爲度越時一月。清蒸爲佳。

179

注意

鯉魚食不盡時罎油須一月一換。

第六節　鹽包風魚

材料

鯽魚一斤。　鹽水一缽。　豬油四兩。　花椒少許。

器具

缽一只。　刀一把。　碗數只。

製法

將鯽魚除淨腹部挖一孔去其肚雜刷去血跡。浸於鹽水中。時越一星期取出曝於日中約三四日晒乾後復加豬油花椒渾和塞入腹中外用紙封固掛在簷下通風處半簡月可食。

注意

食時乃上鍋蒸之以油出爲度鮮美適口

第七節　鹽霜梅

材料

青梅十斤。　食鹽四斤。

器具

缸一只。　鎚一箇。　罎一只。

製法

將青梅洗淨用食鹽醃拌置於缸中三四日後取出晒乾用鎚打扁卽入鍋上蒸之蒸後再晒晒後再蒸如是三四次卽成霜梅矣

注意

鹽霜梅卽鹽梅子。

第八節　鹽楊梅

材料

楊梅十只。　食鹽一撮。

器具

磁盆一只。

製法

將楊梅放在磁盆中以冷井水灌之。再用食鹽撒下。隔十餘分鐘有小蟲竄出食之而無害。非眞以楊梅鹽也。將以殺蟲耳

注意

小蟲寄生蟲也。

第九節　鹽蘆笋

材料

蘆笋十斤。　食鹽二斤。　茴香末半兩。

器具

缸一只。　刀一把。　石一方。　罎一只。

製法

將蘆筍用刀切成兩爿。放入缸內。用食鹽醃之。上面壓以重石。越旬日撈起。晒於日光。俟至微乾傾入罎內。加些香料。固封其口。旬餘可食。

注意

食時另加白糖醬蔴油拌食。

第十節　鹽荳腐

材料

荳腐二方。　食鹽三匙。

器具

碗一只。　刀一把。

製法

將荳腐用刀切成小方塊。然後用食鹽層層醃入碗中。三四日可食。

注意

鹽荳腐日數稍多。卽成養荳腐。

第十一節　鹽麪筋

材料

麪筋團五斤。　食鹽一斤。　醬油三斤。

器具

鍋一只。　爐一只。　罎一只。　籠一只。

製法

將麪筋團入鍋煮熟。用籠一具底鋪稻柴置麪筋其上。再以稻柴覆蓋。放於和暖之處。俟其發酵生出黴菌越數日卽可醃入罎中用醬油浸漬半月可食。

注意

以之煮湯。味頗鮮美。

第十二節　鹽番茄

材料

番茄四斤。　食鹽一斤。　砂糖半斤。　酸醋二碗。　花椒丁香薑末芥辣粉香料各若干。

器具

鍋一只。　爐一只。　刀一把。　缸一只。　玻璃瓶一箇。

製法

將番茄用刀切片。用食鹽醃漬於缸內。時越一夜。撈起瀝乾。倒入鍋中。燃火煮之。煮沸即行加以砂糖酸醋花椒丁香薑末芥辣粉香料等物。

燒至柔軟爲止稍冷儲藏玻璃瓶中。封固候用。

注意

食之適口異常開胃。

第十三節 鹽瓶菜

材料

菜花菜十斤。 食鹽三斤。 五香料若干。

器具

小罈一只。 缸一只。 刀一把。 竹籜二張。

製法

將菜揀其嫩芽。用刀切成二三寸長。向日晒至微乾。用食鹽醃於缸中。越宵榨去鹽汁再用食鹽五香料醃於小罈中菜須揿緊以籜封口合置稻柴灰中三日可食。

第十四節　鹽薺菜

材料

薺菜五斤。　食鹽一斤。　五香料若干。

器具

缸一只。　小罈一只。

製法

將薺菜洗淨在通風處陰乾。以食鹽醃於缸中。隔夜榨取其汁再醃入小罈中。封口倒合稻草灰中三四月可食爲病人粥餚尤宜。

注意

醃時在冬天行之。又名斜菜。

第十五節　鹽風菜

材料

冬菜心八斤。　食鹽四斤。　香料若干。

器具

罎一只。

製法

將冬菜去老葉。取嫩心。放在通風處風乾。葉發黃色。取下洗淨向日晒一天待乾用食鹽醃之。須盡力搆和越宵瀝去鹽滷。再用食鹽香料醃於罎中泥封置柴灰中。春夏取食味脆而香。

注意

鹽風菜即是鹽冬菜心。

第十六節　鹽羅漢菜

材料

羅漢菜十五斤。　食鹽三斤。　五香料若干。

器具

缸一只。　罎一只。

製法

將羅漢菜入水洗淨陰乾後醃一夜。去其鹽滷。再用食鹽五香料醃結紮口。亦須合置稻草灰中日久取食味殊清爽。

注意

本菜亦在冬季行之。

第十七節　鹽紫菜

材料

紫菜一斤。　食鹽五兩。

器具

瓶一箇。　蓋一箇。

製法

將紫菜用食鹽醃之貯入瓶中關蓋封口日久可食。

注意

以之冲湯味頗鮮潔。

第十八節　鹽春不老

材料

大菜心一斤。　蘿蔔一斤。　食鹽二兩。　橘皮半兩。　茴香少許。

器具

罎一只。　蓋一箇。　刀一把。

製法

心一堂　飲食文化經典文庫

將大菜純切（鄉音趣）其心與蘿蔔同在一處。復加食鹽橘皮茴香等料入罈醃之用力揿緊上封以蓋嚴閉其口冬月醃好明春可食。

注意

直隸之春不老頗有名。

第十九節　鹽刀頭菜

材料

蘿蔔夾一碗。　食鹽半兩。

器具

碗一只。　刀一把。

製法

將蘿蔔夾洗淨。用刀切成細屑。用食鹽醃一夜。至晨間下粥時可用之。

注意

191

第二十節　鹽蘿蔔卷

蘿蔔夾卽蘿蔔上棄去之梗葉也。

材料

紅蘿蔔一斤。　食鹽二兩。　薑絲一杯。

器具

刀一把。　盆一只。

製法

將紅蘿蔔用刀照第二編襟衣蘿蔔切法。切成環片。醃以食鹽。再卷而裹以薑絲懸線掛於窗外通風處。食時用醬蔴油拌食辣味頗佳。

注意

二星期可食。

第二十一節　鹽南瓜乾

材料

南瓜一箇。（約重五斤） 食鹽一斤。 茴香少許。

器具

缽一只。 蓋一箇。 刀一把。

製法

將南瓜刮去其皮用刀破開去子切成薄片以食鹽醃勻。加些茴香用蓋閉緊。一月之後攤出晒於日中卽成。

注意

蒸熟可食。味亦清香。

第二十二節 鹽灰蛋

材料

鴨蛋五十枚。 柴灰二十份。 食鹽一份。 燒酒少許。

器具

　缽一只。

製法

　將柴灰食鹽用淘米之米泔水攪和。加以燒酒少許。塗於鴨蛋上置於通風處乾之至二十日後洗去其灰煮而食之較鹽鴨蛋爲美。

注意

　此蛋如殼有裂痕。色味無變壞之弊。

第二十三節　鹽黑黃蛋

材料

　鴨蛋三十箇。　食鹽三兩。　黃酒三兩。　紅茶一杯。　鹽蛋灰若干。

器具

　罎一只。　擂盆一箇。　木棒鎚一箇。　竹籜三張。

製法

將鴨蛋洗就用上年鹽蛋之灰和食鹽黃酒紅茶等用木棒鎚研細，將蛋滾以厚汁藏入罎內用竹籜封口合以擂盆一月即可食矣

注意

黑黃蛋又名墨蛋。

第二十四節　鹽溏黃蛋

材料

鴨蛋五十箇。　食鹽四兩。　燒酒一杯。　紅茶一杯。　爐底灰二升。

器具

罎一只。　擂盆一箇。　棒鎚一箇。　竹籜數張。

製法

將食鹽燒酒紅茶爐底灰等物。一同放入擂盆內用棒鎚研細。然後將

195

鴨蛋用水洗淨徧塗灰汁豎直罎內以篛紮緊擋以爛泥月餘可食。

注意

俗於立夏日必食此物。可免蛀夏。未審確否

第二十五節　鹽油粕蛋

材料

鴨蛋二十枚。　食鹽一份。　油渣醬十份。

器具

罎一只。　蓋一箇。

製法

將鴨蛋洗淨晒乾用食鹽油渣醬拌和塗抹蛋上。務使蛋殼黏着均勻。卽可貯入罎內一月餘煮食之味甚美。

注意

此蛋陳一年，味亦不壞。

第二十六節　鹽松花蛋第一

材料

鴨蛋十箇。　炭灰一碗。　石灰少許。　燒酒半杯。　食鹽八錢。

器具

罎一只。

製法

將冷茶汁拌以炭灰石灰燒酒食鹽等物搗之如泥分作十團每蛋一團塗包蛋上放在礱糠中略一滾然後置罎中時約二旬盡成溏心矣。

注意

炭灰或用爐底灰。罎內置扁柏葉片以增香味。

第二十七節　鹽松花蛋第二

材料

鴨蛋一百枚。　炭灰五斤。　石灰半斤。　食鹽半斤。　鹼水二兩。　密

陀僧二兩。

器具

罎一只。　擂盆一箇。　笋籜三張。

製法

將炭灰石灰食鹽鹼水密陀僧（須研細末。）等各料用茶葉煎濃調

水和合。將蛋熱包不可太冷密貯罎內。一月後卽成。

注意

此法蛋黃極嫩用以拌食尤顯異味。法詳拌松花蛋內。

第二十八節　鹽松花蛋第三

材料

鴨蛋百枚。　好武夷茶四兩。　石灰三飯碗。　淨柴灰七飯碗。　食鹽

十兩。

器具

罎一只。　攔盆一箇。　笋籜三張。　篩一只。

製法

將武夷茶煎成濃汁再將石灰柴灰入篩篩過。同食鹽和以濃茶汁拌匀打成團。分作百團。每蛋用一團包之。另篩柴灰。將蛋拌過。然後放罎內嚴密貯藏四十日可食。

注意

蛋內欲有花紋。用松柏枝。或竹葉。或梅花。燒灰拌入。卽現出花紋。

第二十九節　鹽松花蛋第四

材料

雞蛋一百二十枚。　生石灰二斤半。　豆茸灰一斤半。　鹼五兩。　食鹽四兩。　沸水（欲顯花紋與松竹梅枝同煮）一斤六兩。

器具

罈一只。　擂盆一箇。　笋籜三張。

製法

將生石灰豆茸灰鹼食鹽等作料用沸水攪勻搗爛。乃以雞蛋包之。然後儲藏罈中封蓋置於乾燥之地約半閱月可食。

注意

如用鴨蛋百枚亦可。蛋殼青者良。白者無用。

第三十節　鹽松花蛋第五

材料

鴨蛋百枚。　食鹽七兩。　陳石灰六兩。　鹼五兩。　紅茶汁一缽。　黃泥一缽。硝少許。

器具

罈一只。　擂盆一箇。　笋籜三張。

製法

將紅茶汁冷透。和黃泥拌成薄漿。再將鴨蛋入內一滾。令其黏着黃泥一層再入鍋烘乾然後將食鹽陳石灰（約過一年）鹼硝等同入鍋拌勻。燃火再炒。炒至滿鍋卽。將火退下將蛋放入鍋中黏滿黃泥約三四分厚密封於罈中一月卽得。

注意

用手塗泥時。切宜愼之因硝鹼石灰等物。有劇烈刺激性恐指甲變黃色而發痛也。

第五章　糟貨

第一節　糟黃鱔

材料

黃鱔一斤。　香糟半斤。

器具

缽一只。　夏布袋一箇。

製法

將黃鱔用剪殺死。先破肚去腸。再剪去其嘴峯。然後剪成相連之寸段。置入鍋中煮熟。加些酒鹽盛起。盤於缽中。中空一潭。將香糟納入布袋。加放潭中。半日後用醬蔴油拌食。清香消暑。

注意

黃鱔以田鱔爲佳。河鱔次之。諺云。小暑裏黃鱔賽人參。滋補異常。

第二節　糟田螺

材料

田螺一斤。　香糟半斤。

器具

缽一只。　蓋一箇。

製法

將田螺養淸。倒入鍋中。用食鹽黃酒淸水等煮熟。盛起入糟缽中。少時可食。

注意

糟螺蛳法同此。

第三節　糟田雞

材料

田雞一斤。　香糟半斤。

203

器具

鉢一只。　蓋一箇。　袋一只。

製法

將田雞剝皮去爪入湯中清煮之。再行糟透。食而不知蛙味。

注意

蛙以肥青蛙爲最鮮。

第四節　糟白香魚

材料

廣東鮮魚五斤。　食鹽一斤。　陳黃酒一斤。　大茴香六只。　香糟三斤。

器具

缸一只。　罎一只。　笋籜三張。

204

製法

將魚除淨破肚去腸用食鹽醃於缸中上面壓緊至一星期取出貫線曝之晒乾加酒貯於糟罈用籜紮緊再擋泥封固越數月即可烹食之。

注意

糟白香魚為粵中最盛行之佐餐品滬上易安居有代售。

第五節　糟肝雜

材料

雞鴨肝雜二副。　香糟四兩。

器具

缽一只。　蓋一箇。　袋一只。

製法

將雞鴨肝雜洗淨入鍋加五味香料煮熟然後盛入缽中用香糟袋置

205

其上。味勝雞鴨蒸肝。

注意

五味卽陳黃酒醬油等料。

第六節　糟肉丸

材料

豬肉一斤。　醬油二兩。　陳黃酒二兩。　葱三枝。　香糟牛斤。

器具

缽一只。　蓋一箇。　袋一只。

製法

將鮮豬肉用刀去皮。斬成細碎之屑。加入醬油陳黃酒葱屑。再行斬和。用匙做成丸形卽入鍋中沸之待熟然後盛於缽中用糟袋放入蓋緊數時卽可供食清香十倍。

注意　火肉丸尤勝。

第七節　糟魚圓

材料　青魚一斤。　蛋二枚。　食鹽半兩。　陳黃酒一兩。　香糟半斤。

器具　鉢一只。　蓋一箇。　袋一只。

製法　將青魚肉用刀斬爛。盛於鉢中。和以蛋白及水少許。用竹帚打和。加以食鹽陳黃酒再行打和。然後做成魚圓投入溫水鍋。待浮撈起另入糟鉢糟透。醃食沖湯無往不宜。

注意

糟雞圓手續同。

第八節　糟人參條

材料

人參條四兩。　香糟四兩。

器具

磁缽一只。　缽蓋一箇。　蔴布袋一只。

製法

將人參條微和清水置鍋內煮之。一透撩起盛於缽中用糟浸入缽內嚴閉以蓋逾時食之亦為清品一透之後。加以食鹽醬油少許再燒。

注意

人參條形似枇杷梗而細小。荳腐店有出售。

第九節　糟粉皮

材料　　粉皮六張。　香糟半斤。

器具

缽一只。　缽蓋一箇。　夏布袋一只。

製法

將粉皮用熱水擱過去其酸味。先用香糟納入夏布袋中。藏入缽內。將粉皮切條放下緊關其蓋俟已透味便可拌食矣。

注意

先用水入鍋焯透亦可。

第十節　糟磨腐

材料

磨腐四方。　香糟四兩。

器具

磁缽一只。　蔴袋一只。　缽蓋一箇。

製法

將磨腐洗淨。用刀切成小方塊。置入缽內香糟袋上。關上缽蓋。少時便透取出用醬蔴油拌食味較可口。

注意

磨腐炒食不如拌食尤以糟後拌食爲最。

第十一節　糟韮芽

材料

嫩韮芽一斤。　香糟半斤。

器具

缽一只。　蓋一箇。　袋一只。

製法

將韭芽入鍋加食鹽黃酒煮熟。撈起瀝乾。再行入糟鉢糟透。味香妙異常。

注意

韭菜亦可。味則稍遜耳。

第十二節　糟青菜

材料

小青菜一斤。　香糟半斤。

器具

鉢一只。　蓋一箇。　袋一只。

製法

將小青菜煮熟。熟即盛起。不可燜黃。以減色彩。先將香糟袋鋪於鉢底。

再將青菜放在上面用蓋閉緊隨時取食之。

注意

塔稞菜小藏菜亦可做行之。嫩時似雞毛故稱羽毛菜。

第十三節　糟茭白

材料

茭白一斤。　香糟半斤。

器具

缽一只。　蓋一箇。　袋一只。

製法

將茭白去殼切成纏刀塊入鍋加雞湯煮之。煮熟取起。用水過清再將袋洗淨納入香糟同加缽中糟之。若切茭白絲後再糟香味悉透。

注意

採茭白時不可用鐵器。茭白遇鐵器。肉必成灰點矣。

第十四節　糟荳腐

材料

荳腐二方。　香糟少許。

器具

缽一只。　蓋一箇。

製法

將荳腐切成小方塊。摻以食鹽醃之。再行入缽。加香糟。糟一小時即可

注意

用醬蔴油醮食矣。

第十五節　糟酥荳

用油煎熟後再糟亦好。

材料

煨酥荳一碗。　香糟四兩。

器具

缽一只。　蓋一箇。

製法

將蠶荳入鍋煨熟撈起盛入香糟缽內。約一晝時。用以下粥最適胃口。

注意

將發芽荳代之亦妙。

第十六節　糟山藥

材料

山藥一斤。　香糟半斤。

器具

鉢一只。　蓋一箇。　袋一只。

製法

將山藥去皮。切成小塊。入鍋煮之。煮熟用糟糟香。然後紅燒或椒鹽餤

味亦香。

注意

糟山芋法同。

第十七節　糟芹菜

材料

芹菜一捆。　香糟六兩。

器具

鉢一只。　蓋一箇。　袋一只。

製法

將芹菜揀去枯爛莖葉。用刀切去根鬚。然後入鍋焯一透取出用水過清。根根疊齊缽內先貯香糟袋便以芹菜圈在糟袋四周霎時即香透。食之香爽夏季最宜。

注意

喜食辛味者用藥芹。

第十八節　糟油菜梗

材料

油菜梗四兩。　香糟少許。

器具

碗一只。　盆一只。

製法

將油菜梗切成寸段。先行煮熟盛入碗中。上面置香糟少許。用盆蓋住。

少選。去糟可食。

注意 若於生時撕皮糟過醃食。味與糟茝笋同。

第十九節　糟菠菜

材料 菠菜半斤。　香糟四兩。

器具 缽一只。　蓋一箇。　袋一只。

製法 將菠菜燒熟置在缽內。放入香糟袋關蓋片時。味透卽佳。

注意 菠菜不必燜黃以免減色。一名菠薐別名紅嘴綠鸚哥。

217

第二十節　糟馬蘭頭

材料

馬蘭頭一斤。　香糟半斤。

器具

缽一只。　蓋一箇。

製法

將馬蘭頭焯熟。用食鹽先行醃之。曝諸日中。再入糟缽糟之。昧香涼無垎。

注意

常食馬蘭頭能清涼解熱。

第二十一節　糟金花菜

材料

金花菜半斤。　香糟四兩。

器具

鉢一只。　蓋一箇。

製法

將金花菜焯好。醃以食鹽晒於日中。待乾入鉢內糟之。一月後。炖而食之。下粥頗為香口。

注意

紅花亦可如法糟之。

第二十二節　糟辣茄

材料

辣茄二十只。　香糟六兩。

器具

缽一只。　蓋一箇。

製法

將辣茄用刀破開去子漂洗潔淨入鍋焯一透。乃以糟入缽。放下辣茄。

關緊缽蓋霎時拌食味香而不甚辣

注意

紅辣茄太辣不合宜。

第二十三節　糟西瓜翠

材料

西瓜皮四片。　香糟四兩。

器具

缽一只。　蓋一箇。

製法

將西瓜皮削去其瓤用其翠皮先醃以食鹽再行晒乾放入糟內糟透。

用油糖蒸食爲佳。

注意

生西瓜皮不可用過熟亦不佳。

第二十四節　糟毛荳子

材料

毛荳子一碗。　香糟四兩。

器具

鉢一只。　蓋一箇。

製法

將毛荳子煮爛。加些食鹽撈起入鉢蓋糟一層味透則拌醬油食之。

注意

毛荳子之味粳性不及糯性。

第二十五節　糟冬瓜

材料

冬瓜一斤。　香糟半斤。

器具

缽一只。　蓋一箇。

製法

將冬瓜切塊。用清湯煮熟拌入糟缽內。糟味沾染已透卽可食用以爐肉尤佳。

注意

黃瓜生瓜亦可。

第二十六節　糟荳板

材料

蠶荳板一碗。　香糟四兩。

器具

缽一只。　蓋一箇。　夏布袋一只。

製法

將蠶荳浸胖去其殼。置上飯鍋蒸之。飯熟取出。便入缽內上蓋香糟布袋關蓋緊閉一時可食其味馨香。

注意

蒸荳板時。不可先加食鹽。致成殭塊而不酥。故五味須於食時放入爲佳。

第二十七節　糟蠶荳子

材料

蠶荳子一碗。　香糟少許。

器具

缽一只。　蓋一箇。　袋一只。

製法

將蠶荳子煮熟盛入缽中。用糟入袋糟透卽可拌食矣。

注意

廣東荳子皮老不鮮不如吾鄉出產之鮮美。

第二十八節　糟風菜

材料

鹽風菜三斤。　酒糟三斤。　茴香香料若干。

器具

罎一只。　笋籜三張。

製法

將鹽風菜包裹大葉。每包鋪以茴香香料。包成小包。和酒糟糟入罎內。用笋籜封口越旬可食。

注意

照此糟法。菜不著糟而糟味已透滿葉上矣。

第二十九節　水糟薑

材料

肥嫩薑七斤。　水二十四兩。　食鹽二十四兩。　好臘糟八斤。

器具

罎一只。　笋籜三張。

製法

將嫩薑用濕布揩淨。用河水二十四兩燒沸。吹冷。加入食鹽化開澂腳

二二五

後。再用好臘糟拌勻。放入嫩薑盛於罎內紮上笋籜。將泥閉封二十一日。可以取食脆白可愛。

注意

河水沸後冷用。可以不生白花經年不壞。

第三十節　簡易糟油

材料

陳黃酒大半碗。　文冰半兩。　食鹽少許。　花椒數十粒。

器具

飯鍋一只。　碗一只。

製法

將陳黃酒加入文冰食鹽花椒。將碗口封固。置在飯鍋上。連蒸七八次。然後隔一星期。將紙揭開便佳

注意

此法較第一編爲簡。味之清香殆過之。

第六章　醬貨

第一節　芝蔴醬

材料

芝蔴五升。　醬油二碗。　陳黃酒一碗。　甜酒釀二碗。　蓁荳粉半升。
炒米粉半升。　紅麴末半升。　茴香末半兩。

器具

鍋一只。　爐一只。　鏟刀一把。　手磨一具。　磁缸一只。

製法

將芝蔴入鍋炒熟。以焦黃爲度。乃用手磨牽之。再將沸水涼冷。同牽細
芝蔴屑傾入磁缸內。調成漿糊狀。卽行封閉。然後曝諸日中越一星期。

開缸去黑皮卽加醬油陳黃酒甜酒釀蒜荳粉炒米粉紅麴末茴香末等調勻牛月可食。

注意

芝蔴醬蘸食時。酌量加以白糖爲鮮。

第二節　花生醬

材料

花生十斤。　醬油一斤。　麪粉二升。　甜酒釀三碗。　茴香末一兩。

器具

鍋一只。　爐一只。　鏟刀一把。　手磨一具。　磁缽一只。

製法

將花生用砂入鍋炒熟。脫殼去衣入磨牽細入缽冲以沸水。加入醬油麪粉甜酒釀茴香末等化成薄漿晒透可食。

注意

花生醬亦以蘸食之用。其味肥美。

第三節　葡萄醬

材料

葡萄乾四兩。　蜜糖四兩。　桂花少許。

器具

鉢一只。　碗一只。

製法

將葡萄乾用鉢搗爛。盛入碗中。加以蜜糖桂花。調和後。嚴封碗口。時越十日。卽成葡萄醬矣。

注意

本醬用以塗蘸角黍（卽糉子。）或麪包糕餅等。甜美出色。

229

第四節　三果醬（一）

材料

桃仁三兩。　杏仁三兩。　松仁三兩。　菜油一斤。　桂花少許　甜蜜醬一碗。

器具

鍋一只。　爐一只。　鏟刀一把。　碗一只。

製法

將桃仁杏仁放入碗中用沸水泡之。少時脫去其衣吹乾。倒入熱油鍋內炸鬆撈起同松仁再入油鍋內炒之。（菜油少些）約一二分鐘然後用桂花甜蜜醬和之以鏟炒勻便可就食

注意

炒時不可枯焦。宜留意行之。

第五節　三果醬（二）

材料

胡桃肉四兩。　瓜子仁二兩。　葡萄乾四兩。　菜油半斤。　桂花少許。

甜蜜醬一碗。

器具

鍋一只。　爐一只。　厨刀一把。　鏟刀一把。　碗一只。

製法

將胡桃肉去皮入油鍋中氽熟用厨刀切細與瓜子仁葡萄乾和桂花甜蜜醬入鍋炒之拌四五次卽佳。

注意

食時喜甜再加白糖。

第六節　鹹枇杷醬

材料

白沙枇杷十只。　豬肉四兩。　醬油一兩。　蒸粉少許。

器具

鍋一只。　刀一把。

製法

將白沙枇杷去其皮核。用刀一切爲四。置於碗中。再將豬肉切片。拌以醬油蒸粉同枇杷入鍋蒸之。蒸爛可食。

注意

蒸飯鍋亦可。

第七節　黃梅醬

材料、

梅子十只。　白糖六兩。　洋菜桂花少許。

器具

鍋一只。　爐一只。　缽一只。

製法

將梅子入鍋中煮沸。去其酸汁幷去其核。然後再用清水煮之極爛。加以白糖洋菜及桂花再煮片時入缽涼之凝結成塊。剖而食之生津而益人。

注意

醉後食之解醉。

第八節　豌荳醬

材料

豌荳一斗。　小麥一斗。　食鹽五斤。　水二十斤。

器具

五斗缸一只。　醬耙一箇。

製法

將豌荳用水浸之入鍋蒸軟。晒乾去皮和入小麥上磨牽細。用水拌和

然後用刀切長條成塊置入蒸籠上甑蒸之。蒸過罨黃晒乾先洒鹽湯。

再行下缸時用醬耙扒之晒月餘成熟而行收藏手續。

注意

凡醬必生蟲。今用川椒末或芥子末摻入醬內則蟲不生矣。豌荳俗名

韓荳。

第九節　糯米醬

材料

糯米五斤。　食鹽二十兩。　水二十碗。

器具

234

小缸一只。　醬耙一箇。

製法　將糯米用臼舂粉澆水作糰。放於籠內蒸熟。俟冷攤入罎中。上蓋稻草七日發酵晒乾拭毛用鹽湯煎滾候冷置入缸內約五六日用耙攪細曝之一月即可取食

注意　用粳米亦可發黃後不必用石臼舂細即可下缸矣。

第十節　淡荳豉醬

材料

黑大荳五斗。

器具

罎一只。　笋籜三張。

製法

將黑大荳在水內浸一宵。瀝乾蒸熟。取出攤席上。候微溫。上覆稻草。每三日一看候黃取篩簸淨以水拌和須乾濕得所安放罎中結實用籜封固再擋以泥曝於日中七日取出再曝一日。然後用米拌罎內如此七次。再行上鍋蒸過。攤去火氣。封於罎中卽佳。

注意

黃來不可太過。俟黃衣上遍卽可。

第十一節　鹹荳豉醬

材料

黑大荳十斤。　食鹽二斤半。　薑絲半斤。　花椒紫蘇橘皮茴香杏仁各一兩。

器具

罎一只。　笋籜三張。

製法

將黑大豆用水浸之。約三日淘清蒸熟取出攤罈中。候黃再行篩淨加以食鹽蓋上花椒紫蘇橘皮茴香杏仁及水拌勻入於罎中上面水須浸過一寸以籜封口晒一月卽可。

注意

橘皮用陳橘皮。

第十一節　酒荳豉醬

材料

黑荳黃一斗五升。　茄子五斤。　生瓜十二斤。　薑絲十四兩。　橘皮一兩。　小茴香一升。　飛鹽四斤六兩。　青椒一斤。　金花酒四斤。

器具

罌一只。　笋籜三張。　大盆一只。

製法

以黑荳黃篩淨。將上列各物同在一處拌之。然後入罌攪結倒下金花酒須淹過兩寸許少則添多則減用笋籜蓋住泥而封之露四十九日爲度。再行取出傾大盆內等晒乾然後儲藏之。

注意。

金花酒或用酒釀亦可。橘皮須切絲。

第十三節　水荳豉醬（二）

材料

黑荳黃一斤。　西瓜瓢一斤。　陳黃酒一斤。　食鹽半斤。

器具

小罌一只。　醬耙一箇。

製法

將陳黃酒傾入器中下以食鹽瀝淸沙腳。將黑荳黃與西瓜瓤攪拌均勻。置藏罈中封閉須固不必曝於日中一月餘可用。

注意

製荳黃法。參照第二編荳豉醬。

第十四節　水荳豉醬（二）

材料

黑荳黃十斤。　食鹽四十兩。　金華甜酒十碗。　水二十碗。　大小茴香一兩。　紫蘇葉一兩。　薄荷葉一兩。　甘草粉一兩。　陳皮屑一兩。　花椒一兩。　乾薑絲一兩。　杏仁（去皮尖）一斤。

器具

五斗缸一只。　醬耙一箇。　罈一只。

製法

將鹽湯先行泡就。候冷澱清。傾入缸中。將黃下鹽水中同時加以酒晒四十九日。再下大小茴香紫蘇葉薄荷葉甘草粉陳皮屑花椒乾薑絲杏仁等作料和入缸內用醬耙攪和晒二三日裝入罎中擋泥封固隔年蘸食最妙。

注意

如欲早用。將陳皮花椒乾薑絲杏仁同黃一齊下缸爲是。

第十五節　十香荳豉醬（一）

材料

荳豉八缽。　西瓜瓢十斤。　食鹽二十兩。　燒酒三斤。　南薑四兩。紫薑四兩。　白糖四兩。　荳豉醋五升。　大小茴香川椒肉桂甘草薄荷杏仁三藾、橘皮紫蘇等物各五錢。

將荳豉加西瓜瓢拌匀。約二小時加入食鹽燒酒。翌朝再下南薑紫薑白糖並以上各種香料。一同拌匀日曝略乾卽入罐中再晒半月可食

注意

食鹽須炒過。

第十六節　十香荳豉醬（二）

材料

大黃荳一升。　麩皮一升。　陳黃酒一瓶。　醋糟大半碗。　生□□斤。

茄子五斤。　食鹽十二兩。　生薑半斤。　活紫蘇半斤。　甘草末半兩。

花椒二兩。　茴香一兩。　蒔蘿一兩。　砂仁二兩。　藿葉半兩。

器具

罎一只。　笄籜三張。

製法

先將大黃荳入鍋煮爛。用炒麩皮拌和做荳黃。待熟過篩去麩皮。祇用荳豉用陳黃酒醋糟拌勻。再與生瓜茄子（二物先用鹽四兩醃一宵）食鹽生薑絲活紫蘇甘草末花椒茴香葫蘿砂仁蘹蘮等物共和打拌。然後置入罎中擋以泥封口。晒於日中。至四十日取出。略晒乾再入罎中如是二十日一次。晒遍為度。

注意

活紫蘇須連根切斷。花椒須去梗核碾細。

第十七節　醬紫菜

材料

紫菜二斤　食鹽一兩　醬油一斤　菜油六兩。

器具

鍋一只。　爐一只。　鏟刀一把。　缽一只。

製法

將紫菜入油鍋炒之。加以食鹽再炒片時盛入醬油缽中。用以燉水荳腐甚佳。

注意

單獨以之冲湯。味亦鮮美。

第十八節　醬芋艿

材料

芋艿五斤。　菜油半斤。　食鹽三兩。　葱屑若干。　甜醬一碗。

器具

油鍋一只。　爐一只。　鏟刀一把。　大碗一只。

製法

將芋艿去皮用水洗淨。把油鍋燒熱。然後倒入鍋內煎之。將鏟亂鏟待至爆透。下以清水。（不可過多）二透之後加以食鹽再燒一透洒以葱屑炒一反身便可起鍋食時蘸以甜醬味更絕倫。

注意

蘸食葡萄醬三果醬均美。

第十九節　醬西瓜皮

材料

西瓜皮二斤。　食鹽半斤。　甜醬一斤。

器具

缸一只。　廚刀一把。　洋盆一只。

製法

將西瓜皮上之靑瓤削去。預先用食鹽醃半日。然後置於甜蜜醬中。漬兩日。卽可取食。味之淸脆可口無比。

注意

靑瓤不削去容易老。

第二十節　醬蘿蔔皮

材料

蘿蔔三箇，　醬油一鉢，

器具

刮鉋一箇。　磁鉢一只。

製法

將蘿蔔洗淨，用刮鉋刮去其外皮，將裏皮盛入醬油鉢內，淆浸一二夜。

即可爲下粥菜矣。

注意　蘿蔔皮棄之可惜廢物利用。有裨家庭經濟勿以輕忽視之。

第二十一節　立時醬雞

材料　雞牛只。荳板醬一鉢。

器具　鍋一只。爐一只。鉢一只。洋盆一只。

製法　將雞燒熟。敷荳板醬浸入鉢內不數時。卽可食鮮透而宜粥佐酒尤美。

注意　荳板醬卽醬板。爲造醬油之原料。

第二十二節　醬醃肉

材料

醃蹄一付。　荳豉醬半缽。

器具

缽一只。　蓋一箇。

製法

將醃蹄用水洗淨，俟乾後藏入荳豉醬缽內。隔日。懸日中曝之。再置簷下風之以極乾爲止可以久藏不壞又免生蟲。

注意

春夏間用嫩笋煮熟味鮮不亞於雲腿。

第二十三節　醬魚

材料

魚一斤。　鹽花三兩。　花椒茴香乾薑各一錢。　陳麴二錢。　紅麴五錢。　黃酒六兩。

器具

缽一只。　蓋一箇。

製法

將魚用刀切碎洗淨後。用花椒茴香乾薑陳麴紅麴等料。加以黃酒和勻拌魚放入缽內用蓋封好十日可用。

注意

食時加葱花少許。

第二十四節　醬泥螺

材料

泥螺一斤。　醬一缽。　黃酒若干。　酒釀一碗。

器具

　缽一只。　洋盆一只。

製法

　將泥螺用黃酒洗之。敷以甜醬越一小時更入酒釀漬浸片刻則味甚美。

注意

　泥螺一名吐鐵產寧郡。

第二十五節　清醬

材料

　黑大荳一斗。　乾麴五斤。　食鹽五斤。　花椒。　茴香。　薑屑。　芝蔴香菌各少許。　水一小桶。

器具

材料

籃一只。　柴草若干。　小缸一只。

製法

將黑大荳用清水入鍋以武火煮之。燜一夜卽成薄糊。然後撈起。候稍冷拌以乾麫攤於籃中以柴草密布其間。使發霉毛以多爲妙。再用食鹽煎湯澄清去脚倒下缸中先洒鹽湯再將醬黃放下。香料如花椒茴香薑屑芝蔴香菌等。亦可同時放入曝諸日中晒一月餘卽可用以和味矣。

注意

瀝過渣滓。再可加鹽湯再晒。卽成二乏。大約水一斤加鹽三兩之數。但二乏三乏之醬油則味道覺得遜色矣。

第二十六節　炖醬

材料

新醬一碗。　大蝦四兩。　豬油三兩。　荳腐乾三塊。

器具

大碗一只。　剪刀一把。　厨刀一把。

製法

將大蝦用剪刀去足鬚洗淨後放入醬中。再將豬油荳腐乾用厨刀切成小塊一同放入上鍋炖之數透便熟經久可食日常食餘之菜皆可放入醬中亦能經久不壞爲家庭間最經濟之食品。

注意

如加入辣虎醬即是炖辣虎醬。喜辣者食之尤佳其他如毛荳子豬肉貢干開洋肚子肝雜雞塊等食物均可放入炖之久不變味誠簡易而經濟也。

第七章　燻貨

第一節　燻鵪鶉

材料

鵪鶉四只。　陳黃酒六兩。　醬油六兩。　食鹽一兩。　蔴油一兩。　茶葉半小鍋。

器具

鍋一只。　爐一只。　鐵網一張。　盆一只。

製法

將鵪鶉去毛雜。洗淨後。肚中塞以肉腐入鍋加黃酒醬油食鹽等煮之。煮熟盛起塗以醬油蔴油放在鍋中鐵網上鍋底攤滿茶葉然後燃火燻之燻黃卽可。

注意

燻時如不黃。再塗醬蔴油便黃。

第二節　燻野雞

材料

野雞一只。　醬油六兩。　蔴油一兩。　茶葉半小鍋。

器具

鍋一只。　爐一只。　鐵網一張。　洋盆一只。

製法

將野雞去毛洗淨。用麪包屑奶油雞蛋食鹽胡椒香菜調和放入肚內。腿翅縛好架入鐵絲網上鍋內用茶葉鋪好再塗以醬蔴油燃火燻之。燻黃便可啖矣。

注意

食時用葡萄醬蘸食。

第三節　燻野鴨

材料

野鴨一只。　陳黃酒五兩。　醬油五兩。　食鹽二兩。　菜油六兩。　蔴

油一兩。　蔥十枝。　茶葉半小鍋。

器具

鍋一只。　爐一只。　鐵網一張。　洋盆一只。

製法

將野鴨去毛用刀切成兩爿。入鍋加黃酒醬油食鹽煮之。煮爛上網，置

茶葉燻之。時時拭以醬蔴油燻黃卽就。以蔥切細和以醬油再用熱油

澆之以作蘸食之用。

注意

肚中塞肉味尤良佳。

第四節　燻板鴨

材料

鴨一只。　食鹽三兩。　牙硝一錢。　醬油四兩。　蔴油一兩。　茶葉牛

小鍋。

器具

鍋一只。　爐一只。　鐵網一張。　洋盆一只。

製法

將鴨宰就。去其腹雜用牙硝研末遍擦全身。再將食鹽炒熱擦腹之內部。用石壓結隔二日取起置上鐵網鍋中下茶葉燻之身上再塗醬蔴油以甜醬蘸食。

注意

烤食亦佳。

第五節　燻蟛蜞

255

材料

蟞蜞十只。　食鹽半兩。　陳黃酒二兩。　醬油二兩。　蔴油茴香末少

許。　茶葉半小鍋。

器具

鍋一只。　爐一只。　鐵網一張。　洋盆一只。

製法

將蟞蜞用食鹽陳黃酒洐之。然後倒入鍋中煮一透。再塗以醬蔴油茴

香末移入網上燻之燻熟卽可。

注意

臍下置薑片以解毒。

第六節　燻鯗魚

材料

�魚一尾　醬油二兩　蔴油二兩　茶葉半小鍋。

鍋一只。　爐一只。　鐵絲架一箇。　洋盆一只。

製法

將�魚用醬蔴油塗之放入鍋中茶葉上隨燻隨拭油汁片時可食。

注意

糟後燻之則添香。

第七節　燻香腸

材料

香腸一斤。　醬油二兩。　蔴油二兩。　茶葉半小鍋。

器具

鍋一只。　爐一只。　鐵網一張。　洋盆一只。

製法

將香腸塗以醬油蔴油置於鐵網上。而鍋內盛茶葉小半鍋。將鐵網平鋪鍋中。大約離茶葉高二寸許即可燃火燻之。俟茶葉起烟後漸次退火視香腸帶淡黃時。再塗以醬油蔴油如是數次已覺黃熟喢之頗香。

注意

茶葉不論已經泡過。亦可放入燻之。

第八節　燻煨肉

材料

豬肉一斤。　陳黃酒二兩。　醬油二兩。　木屑一斤。

器具

燻缸一只。　燻架一箇。　刀一把。　洋盆一只。

製法

將豬肉切塊用陳黃酒醬油煨好帶汁上木屑上略燻之少時即黃食之香嫩適口。

注意

燻時不可太久。

第九節　燻牛心

材料

牛心二箇。　麪包屑一杯。　胡椒少許。　食鹽一撮。　牛奶油一杯。

雞蛋一枚。　茶葉半小鍋。

器具

鍋一只。　爐一只。　鐵絲架一箇。　洋盆一只。

製法

將牛心洗淨等血出完。放在滾水內。沸一刻鐘撈起流去血水。用麪包屑胡椒食鹽牛奶油雞蛋一併打和。放入心孔內。上架置茶葉上燻之。常以牛奶油塗之。燻熟便佳。

注意

羊心豬心亦可。

第十節　燻牛排

材料

牛肉一斤。　茶葉半小鍋。

器具

鍋一只。　爐一只。　鐵網一張。　洋盆一只。

製法

將牛肉切成小長塊。用牛奶油麪包屑食鹽胡椒雞蛋拌和。然後置于鐵網上加茶葉於鍋底燻之。燻黃味頗香。

注意

羊排同。

第十一節　燻十香牛肉

材料

牛肉二斤。　食鹽五兩。　茶葉牛小鍋。

器具

鍋一只。　爐一只。　架一箇。　盆一只。

製法

將牛肉用食鹽醃七八日。用肉蔻胡椒加香菜香料研爲末。撒在肉上。入鍋燒一透上架入茶葉鍋燻之燻黃涼食爲佳。

注意

蘸食以醬拌之尤合口味。

第十二節　燻牛肝

材料

牛肝一斤。　奶油食鹽胡椒乾麴各等分。　茶葉半小鍋。

器具

鍋一只。　爐一只。　架一箇。　洋盆一只。

製法

將牛肝用刀切半寸之片。加奶油食鹽胡椒。蘸以乾麴入鍋燻食之。

注意

火力不可太過豬羊肝同。

第十三節　燻羊腿

材料

羊腿一只。　陳黃酒雞蛋麴包屑鹽豬肉香菜食鹽胡椒各等分。　茶葉半小鍋。

器具

鍋一只。　爐一只。　架一箇。　盆一只。

製法

將羊腿割開一口。並去其骨將以上各料用刀切細拌和。納入口內將口縫好入鍋燜三小時然後上架燻之稍黃便佳。

注意

食時加酸醋拌之。

第十四節　燻白菜

材料

白菜五兩。　醬油一兩。　蔴油三錢。　食鹽白糖少許。　茶葉半小鍋。

器具

鍋一只。　爐一只。　鐵網一張。　洋盆一只。

製法

將白菜洗淨。用刀去葉。將梗切成方塊入鍋煮一透燜爛。然後燻之。時塗以醬蔴油等。食時用刀切絲。再行拌之。裝入盆中。其味勝煨白菜。

注意

酌加辛酸等味。食之尤美。

第十五節　燻牛腰

材料

牛腰四只。　牛奶油半杯。　食鹽一撮。　胡椒少許。　茶葉半小鍋。

器具

鍋一只。　爐一只。　鐵網一張。　洋盆一只。

製法

將牛腰用刀切片。上鐵網置鍋中爐之。爐時拭抹牛奶油食鹽胡椒等味。頃刻卽可取起。

爐時不可過火。

第十六節　爐芹菜

材料

芹菜五兩。　醬油一兩。　蔴油一兩。　菜油三匙。　白糖一匙。　茶葉半小鍋。

器具

鍋一只。　爐一只。　鐵網一張。　洋盆一只。

製法

將芹菜揀去黃葉。倒入鍋中焯熟撈起。用清水過清。然後盤旋網上鍋

二六五

265

中置茶葉燃火燻之。片時拌以醬蔴油白糖等料。味香無埒。

注意

多燻發黃。故不宜久。

第十七節　燻笋干

材料

嫩笋干半斤。　醬油一兩半。　蔴油三匙。　白糖一匙。　茶葉半小鍋。

器具

鍋一只。　爐一只。　鐵網一張。　盆子一只。

製法

將笋干放嫩入鍋煮爛。用醬油蔴油白糖塗滿。上架燻之。泔乾再拭燻

注意

黃切塊食之。其味鮮嫩。

加些蔥屑甘草末尤為香甜。

第十八節　燻大蒜頭

材料

鹽大蒜頭十箇。　醬油二兩。　蔴油三錢。　白糖一匙。　茶葉半小鍋。

器具

鍋一只。　爐一只。　鐵網一張。　洋盆一只。

製法

將鹽大蒜頭（或糖大蒜頭）用醬蔴油塗上再上網燻之其味甚美。

注意

鹽大蒜頭及糖大蒜頭法見前三編內。

第十九節　燻茄子

材料

茄子四只。　食鹽少許。　醬蔴油白糖各等分。　茶葉半小鍋。

器具

鍋一只。　爐一只。　鐵網一張。　盆子一只。

製法

將茄子劈開四條用食鹽醃過焯一透。然後用醬蔴油白糖塗滿燻之。頃刻卽成。

注意

落蘇亦可如法行之。

第二十節　燻黃荳芽

材料

黃荳芽半斤。　醬蔴油白糖共一杯。　茶葉半小鍋。

器具

鍋一只。　爐一只。　鐵網一張。　洋盆一只。

製法

將黃荳芽摘去其根。入鍋煮透俟燻片時。即可用醬油蔴油白糖拌食之。味亦清香。

注意

燻枯則不堪食矣。

第八章　糖貨

第一節　蔥管糖

材料

餳糖一斤。　白芝蔴一升。　炒米粉少許。　白糖半斤。

器具

糖鍋一只。　炭爐一只。　槳一把。　篩一只。　罎二只。　刀一把。　盤

269

一只。

製法

將餳糖煎熱。倒出稍冷包以白糖。搓成直長條。用刀切斷長約四寸許。置在篩中上鍋加熱。見有水氣急入芝蔴罐中篩盪之。未幾再入粉罐中篩片時。然後疊在盤中以便取食。

注意

切斷時須刀上加熱較爲容易。

第二節　香煙糖

材料

潔白糖一斤。　薄荷精少許。

器具

糖鍋一只。　炭爐一只　竹箒一把。　刀一把。

製法

將潔白糖加清水。倒入糖鍋煎之。將起鍋時以薄荷精放入。即可用兩手搓圓拉長攪之。如是數次分成數條。每條搓長攤平後將刀燒熱切成香煙狀即可食矣。

注意

本糖心略空而形狀彷彿香煙。

第三節　澆切糖

材料

飴糖一斤。　白芝蔴一升。

器具

糖鍋一只。　炭爐一只。　竹箒一把。　青石一塊。　刀一把。

製法

將餳糖和白芝蔴加淸水一同入糖鍋煎透。用槳徐徐調和。然後倒於靑石上用手攤開薄之。待其冷後用刀切成方塊。約一寸見方食之味香而脆。

注意

若用白糖眞粉煎之亦可成澆切糖。

第四節　蔴酥糖

材料

炒米粉一升。　葷油半斤。　餳糖半斤。　白糖一斤。　玫瑰醬少許。

器具

糖鍋一只。　火爐一只。　竹槳一把。　拌粉桶一只。　篩一只。　籃一只。　刀一把。　紙數張。

製法

將炒米粉同葷油放在拌粉桶內拌和。然後用篩篩入籮內。四面須撒開。以均勻爲度。再將餳糖入鍋用槳炒攪煎老後倒入籮中用手捺薄。另篩炒米粉一層。再行捺薄。中間捲以玫瑰醬及白糖用刀切成寸段。以四段包成一包卽佳。

注意

玫瑰醬白糖心。若能加以糖豬油小塊尤美。

第五節　冰雪酥

材料

糯米粉三升。　洋白糖二斤。　薄荷精半杯。

器具

鍋一只。　爐一只。　鉢一只。　方甑一只。　刀一把。　紙數張。

製法

將糯米粉及白糖微加清水。滴入薄荷精。用手拌和。乃鋪於甑中捺平。

再用刀劃以三寸長一寸闊之細路。然後上鍋蒸之。蒸熟取出用紙包

之。成長方形卽成冰雪酥矣。

注意

粉內再加入對丁細屑。（卽紅綠絲。）以增美觀。

第六節　花生酥

材料

花生一斤。　白糖四兩。　桂花少許。

器具

缽一只。　刻板一塊。　洋刀一把。　盤一只。

製法

將花生脫去殼衣入缽研細。加以白糖桂花。再行研和。移入刻板印成

梅花形或圓形用力撳結，以刀削平，再將刻板反轉向下一拍，放入盤中。其味甚為肥美。

注意

花生須用炒熟者，生者不適用。

第七節　擦酥

材料

黑芝蔴一升。　麪粉一斤。　蔴油（或豬油）二斤。　白糖一斤。

器具

鍋一只。　爐一只。　鏟刀一把。　木模型一具。

製法

將黑芝蔴入鍋炒熟，不可炒焦，鏟起碾細。再將麪粉入鍋乾炒，數分鐘取出，碾碎塊粒入鍋再炒，以黃色為度，然後二物相和，加煉熟蔴油及

二七五

275

白糖拌濕卽入木模型中撳成餅形卽佳。

注意

擦酥之味較酥糖爲適口。

第八節　葡萄膏

材料

葡萄乾半斤。　蜜糖四兩。

器具

糖鍋一只。　炭爐一只。　竹筴一把。　匙一把。　碗一只。

製法

將葡萄乾入鍋煮爛以極爛爲度乃撈去渣滓加以蜜糖收成濃膏盛器候用隨時用開水冲食常服甚補。

注意

葡萄含有鐵質甚富患貧血者食之優於補劑多多也。

第九節　西瓜膏

材料

西瓜一箇。　白糖二兩。

器具

鍋一只。　爐一只。　鏟刀一把。　匙一把。　磁盆一只。

製法

將西瓜去外皮及瓜子挖取其瓤與白糖入鍋同煮糜爛後盛起置於磁盆中待冷食之其味與香均覺妙品。

注意

西瓜須揀選熟者顏色以紅籐爲貴。

第十節　藥梅片

材料

梅子二十只。　白糖一斤。　桂花二兩。　礬及食鹽少許。

器具

玻璃瓶一箇。

製法

將梅子用礬水及食鹽浸漬。再用白糖桂花封藏玻璃瓶內。日久卽就。

注意

如加放些甘草末亦無不可。

第十一節　枇杷梗

材料

糯米粉一升。　餳糖一斤。　菜油二斤。

器具

鍋一只。　爐一只　刀一把　盤一只。

製法

將糯米粉拌以煎薄之錫糖。用筷拌和。再用手搦和。用刀切成薄片。再切成寸許長之條塊。然後移入熱油鍋內汆之。汆黃卽成枇杷梗矣。

注意

本食品以形似枇杷梗故名。

材料

麪粉二升。　錫糖一斤。　白糖一斤。

器具

平底鑊一只。　火爐一只。　盤一只。

製法

二七九

279

將麵粉拌以餳糖微加清水拌和後做成薄餅即可攤入平底鑊內燃

火燻之見黃取起徧體滾以白糖即成。

注意

本食品以雪白而得名。

第十三節　透味糖

材料

麵粉五斤。　赤砂糖半斤。　菜油一斤。　白糖二斤。　木樨醬二匙。

器具

糖鍋一只。　刀一把。　磁缸一只。

製法

將麵粉赤砂糖用水拌之撳扁用刀切成長方塊即置熱油鍋中煎透。

乃取出納入白糖（先用一斤）水中浸後取出另盛之俟炸盡將所

餘之油。拌其糖汁再用白糖木榍醬同熬之但須將製成之塊浸此糖汁內。三月後食之味透可口。

注意

赤砂糖價貴則用黃糖代之。

第十四節　蜂窠糖

材料

白糖一斤。　檸檬汁一匙。　檳榔紅花甘草各少許。

器具

糖鍋一只。　榮一把。　蒲包一張。

製法

將白糖加清水入糖鍋煎之。候黏手能硬時卽將糖鍋離爐。加以檸檬汁用榮調和見糖已發泡傾於蒲包上俟冷剝去蒲包卽成。

注意

檳榔紅花甘草等物。須預先鋪在蒲包上。

第十五節　糖桂花薑

材料

嫩薑十塊。　食鹽二兩。　白糖一斤。　木樨醬一兩。

器具

糖鍋一只。　刀一把。　磁瓶一箇。

製法

將嫩薑用刀刮皮。洗淨後醃以食鹽。然後將鹽滷濾乾。再切成薄片另用白糖入鍋煎之。煎透熬成薄漿狀盛入磁瓶待冷卽將薑片拌入上蓋木樨醬密封其口卽得。

注意

香甜之味當在半月後當之。

第十六節　糖醋大蒜頭

材料

大蒜頭五斤。　赤砂糖二斤半。　酸醋五斤。

器具

鍋一只。　爐一只。　瓦罐一箇。　笋籜三張。

製法

將大蒜頭洗淨放入小罐中。加以赤砂糖酸醋用文火上鍋上煮一日一夜。然後將瓦罐取出。作爲粥菜最宜。其餘俟冷加笋籜密封罐口可以儲久。

注意

常食可治百傷。並可預防痢疾。爲衞生之食品。惟食後口中有臭味。令人難聞。可食烏棗以解之。

第十七節　糖桃糕

材料

水蜜桃五只。　玉盆糖半斤。　木樨醬半兩。　麪粉一杯。

器具

糖鍋一只。　炭爐一只。　竹箸一把。　洋盆一只。

製法

將水蜜桃去其皮核。然後入鍋加糖煎之。再加入木樨醬隔片時。以麪粉和入。待糖濃厚盛起切而食之甜美可口。

注意

用蟠桃裏光桃亦可。

第十八節　糖香蕉糕

材料

香蕉八只　玉盆糖一斤　麴粉一碗。　木樨醬半兩。

器具

糖鍋一只。　炭爐一只。　槳一把。　盆一只。

製法

將香蕉去皮心。放入糖鍋內煎之。煎透。加入麴粉木樨醬。用槳調和後。再煎片時起鍋盛於盆中待冷卽可食矣。

注意

香蕉用稍熟爲是否則味酸。

第十九節　糖人物

材料

白糖一斤。　麴粉一杯。

器具

糖鍋一只。　炭爐一只。　槳一把。　印模數塊。

製法

將白糖加清水入鍋煎之。水須少而火須文。俟糖稍沸。再入麵粉則色白而料省。至黏手能硬爲度乃用槳攪和。然後離爐攪一二分鐘見色稍白乃傾入印模中。越三四分鐘開模卽成。

注意

印模爲二片合成。外套籐閣裏面抹油一層以免黏滯。

第二十節　蜜梨糕

材料

梨一斤。　細白糖一斤。　木樨醬二兩。　白粉半碗。

器具

糖鍋一只。　炭爐一只。　大盆一只。　槳一把。

製法

將梨去皮心。切成小塊同白糖入鍋煎之。用槳攪和。然後加入木樨醬。少時復加白粉再煎至濃凝爲度。盛入大盆中候冷。再行食之。

注意

本品用山東嫩水梨爲上。

第二十一節　蜜香蕉

材料

香蕉一斤。　玉盆糖一斤。　木樨醬半兩。

器具

糖鍋一只。　炭爐一只。　槳一把。　大口瓶一箇。

製法

將香蕉去皮放入糖鍋內煎之。惟須將糖先煎濃厚然後放入不多一刻。見已凝結卽可盛入大口瓶內以備他日食之較生食爲甜。

注意

蜜香橙檳榔法同。

第二十二節　蜜海棠

材料

秋海棠二十朶。　蜜牛碗。　橙汁十滴。

器具

飯鍋一只。　碗一只。　桑皮紙一方。　玻璃瓶一箇。

製法

將秋海棠花瓣去心。置於蜜中貯放碗內以桑皮紙封口。紙上密刺細孔使其通氣放在飯鍋蒸之。蒸三四次揭去封紙密藏瓶中用時加以橙汁。芳香艷麗。異常可愛。

注意

依法製之實勝於市售。

第九章　酒

第一節　人參酒

材料

吉林人參一只。　燒酒一斤。

器具

玻璃瓶一箇。　木塞一箇。

製法

將人參浸入燒酒瓶中。嚴閉其口。澆以火漆少許或黏白蠟月餘可飲。

活血滋補。

注意　惟性熱宜於三冬飲之。

第二節　荔枝酒

材料　鮮荔枝十只。　高粱酒一斤。　文冰二兩。

器具　玻璃瓶一箇。　木塞一箇。

製法　將鮮荔枝去殼同文冰置入玻璃瓶中。然後將高粱酒澆下。盛滿塞口。閉封爲是日久飲之其味極勝。

注意　荔枝以嶺南產者味佳。殼薄色鮮紫而多刺皺紋極緊。閩中產者價廉。

色類豬肝無刺皺紋亦粗。味遜色多矣。

第三節　珠蘭酒

材料

珠蘭二十朵。　燒酒一斤。　文冰二兩。

器具

玻璃瓶一箇。　木塞一箇。

製法

將珠蘭同文冰。先行入瓶。然後將燒酒倒入。日久飲之奇香奪人。

注意

茉莉薄荷香草代代花等類亦可。味各出色。

第四節　桑子酒

材料

桑子四兩。　高粱酒一斤。　文冰二兩。

器具

玻璃瓶一箇。　木塞一箇。

製法

將桑子同文冰入瓶浸於高粱酒中月餘可飲其味亦佳。

注意

其他如楊梅杏仁櫻桃香蕉枇杷波蘿蜜杏子蜜桔香櫞香橙金柑等菓子均可如法浸酒茲不復贅。

第五節　樟腦酒

材料

樟腦三兩。　羊躑躅花三兩。　高粱酒二斤。

器具

玻璃瓶一箇。木塞一箇。火漆少許。

製法

將樟腦煉淨羊躑躅花研末。同高粱酒注入瓶中。塞以木塞。加燙火漆。越一星期開蓋濾去其渣滓。仍藏瓶中嚴塞乃可。

注意

偏正頭痛歷節風痛跌打痛腰痛腹痛風痛脅痛等症。用酒擦痛處無不應手而效。

第六節　木樨燒

材料

木樨米一斗　燒酒一缸。

器具

吊酒器全副。缸一只。

製法

將木樨米浸於副水中。然後下吊鍋吊花露注入燒酒中卽成金黃之木樨燒矣。

注意

再放入糖精或各種花露尤佳。

第七節　鏡面大糟

材料

白糯米一石。　麯粉十斤。　陳皮半斤。　川椒四兩。　礱糠灰少許。

器具

大缸一只。　耙一箇。　吊酒器全副。

製法

將白糯米先浸二日。漂淨瀝乾。然後上甑蒸之極透傾出將飯倒於罊糠上微溫即可下缸。先將椒皮煎湯同麴粉拌入飯內中挖一潭蓋好然後開耙打透至百餘日貯入絹袋榨之。將大酒糟用礱糠灰拌之。然後上甑外套錫鍋吊之即成。

注意

以上二法係壯飛叔爲吾言之。現辦壯飛釀酒廠。將出中國化的白蘭地酒以挽回漏巵云

第八節　國公燒

材料

高粱燒一小罎。　文冰半斤。　龍眼肉一兩。　蓮心二兩。　胡桃肉一兩。　松子仁一兩。　白果肉一兩。

器具

小罎一只。　笋籜三張。

製法

將龍眼肉蓮心胡桃肉松子仁白果肉等料各等分。和冰糖先行放入小罈中然後將高粱燒灌入浸之一月可飲隨用一二杯滋陰壯陽

注意

蓮心須去心以免苦味。

第九節　五茄皮

材料

五茄根莖。　牛膝。　丹參。　枸杞根。　金銀花。　松節。　枳殼。枝葉各一大斗　水三大石。　陳麴十二斤。　糯米一石二斗。　生地黃一斗。　牛蒡二斗。　大葷蘺子一斗。

器具

大鍋一只。

製法

將五茄根莖牛膝丹參枸杞根金銀花松節枳殼枝葉等料。用水放在大鍋中煎之。煎取六大斗去渣滓澄清。將水浸麴即用糯米五斗蒸飯。取生地黃搗如泥拌下。二次用糯米五斗蒸飯。取牛蒡子搗如泥拌飯下之。三次再用糯米二斗蒸飯。取大草蔴子一斗熬而搗之。務使細碎亦拌飯下之。如天氣稍暖打扒澄清如酒味已好。然後去糟飲之。

注意

如天氣冷。酒則不發。再加陳麴投入。如味苦薄而不醇厚。再將糯米蒸飯二斗拌之。若飯乾不發取諸藥料煎汁熱投飲之令人肥健

第十節　二仙酒

材料

高粱燒一小罈。　文冰半斤。　龍眼肉一斤。　桂花四兩。

器具

罎一只。　蓋一箇。

製法

將龍眼肉及桂花二物。同文冰高粱燒浸入罎中。卽成二仙酒。飲之安神悅性。

注意

能陳尤佳。

第十一節　百子酒

材料

燒酒十五斤。　圓眼肉一斤。　核桃肉一斤。　枸杞一斤。　冰糖一斤。

器具

罎一只。　蓋一箇。　絹袋一只。

製法

將圓眼肉核桃肉枸杞冰糖。一併納入絹袋中，入燒酒罈內浸二十餘日，即可取飲。

注意

黃酒十斤可耳。

第十二節　百果酒

材料

高梁酒五十斤。　冰糖三斤。　桂圓肉半斤。　蓮子半斤。　柏子仁三兩。　松子仁三兩。　橘餅半斤。　核桃肉半斤。　紅棗二十兩。　香橼二只。　佛手二只。

器具

罈一只。　蓋一箇。

製法

將以上各物。一同入罎浸之。嚴封其口。日久可飲。

注意

常飲補心血。

第十三節　屠蘇酒（二）

材料

大黃一錢七分。　桔梗一錢七分。　烏頭一錢五分。　赤小荳十四粒。

川椒一錢七分。　防風一兩。　赤木桂心七錢五分。　菝契五錢。　酒三斤。

器具

囊一箇。　鉢一箇。

製法

將以上各種藥料盛入囊中。除夕懸井中。至明日清早取起。浸無灰酒中。煎四五沸。於元旦日飲之。可以辟邪降福延年益壽。

此法相傳爲醫仙華陀方也。其價值可知矣。

第十四節　屠蘇酒（二）

材料

大黃一錢。　桔梗一錢五分。　吳茱萸一錢二分。　川椒一錢五分。　白朮一錢八分。　烏頭六分。　防風一兩。　桂心一錢八分。

器具

刀一把。　囊一箇。　缸一只。

製法

將桔梗去節。川椒去核。白朮土炒。烏頭泡去皮臍。防風去蘆。然後同大

黃吳茱萸桂心等物。用刀切成薄片。用三角絳囊盛之。除夕懸井中。至

元旦寅時取出。置無灰酒中。煎四五沸。屠蘇酒即成。飲時舉家東向自

幼至長次第飲之。藥渣可投入井中。歲掬此水飲之。一世無疫癘發生

矣。

注意

如逢時疫流行。飲此可解疫癘一切不正之氣。

第十五節　簡易葡萄酒（一）

材料

鮮熟葡萄汁一斗。　麯粉四兩。

器具

罎一只。　笋箬三張。

製法

將鮮熟葡萄搗成汁。然後用麴粉攪勻。置入罎內。用籜嚴封其口。日久即成。

注意 此用人工發酵法。

第十六節　簡易葡萄酒（二）

材料 蜜三斤。　水一斗。　麴粉二兩。　白酵二兩。

器具 瓶一箇。

製法 將蜜用水同煎。置入瓶內。候稍温。入麴粉。再加白酵。濕紙封口。放在冷處。自然成酒。飲之百脉流暢。氣運無滯。

第十七節　偉痕葡萄酒

材料

熟葡萄百斤。

器具

竹篩一只。　桶一只。　臼一只。　瓶數箇。

製法

將熟葡萄置於竹篩。竭力攪之。使其球實盡落桶中。而去其梗。用杵搗爛。使成液汁。靜置數小時。傾入底有小孔之桶。使分出分實。其汁更傾入酵桶。任其天然成酒。須有十度十五度間之溫度。大約二三日間。其汁因酵母細胞繁殖。漸生泡沫。而發生炭養氣。所含糖分。亦漸變酒質。

注意

春秋五日。夏三日。冬七日。即成酒矣。

至第七日則盡成酒質第十五日則液澄清不現泡沫此爲完全告成之證。然後另儲瓶中隔絕空氣封口後燙以火漆日久卽成。

注意

葡萄每百斤大約可得液六十斤至七十斤之數偉痕者西名（Wine）譯音也。

第十八節　白蘭地

材料

葡萄酒十斤。

器具

過淋紙二三十張。　蒸溜器一具。　玻璃瓶數箇。

製法

將葡萄酒用過淋紙濾清。再將此酒蒸溜之。則酒精愈多。卽成白蘭地。

分盛各瓶外貼商標。與外貨可相頡頏矣。

注意

第十九節　黃精酒

材料

黃精四斤。　天門冬三斤。　松針六斤。　白尤四斤。　枸杞五斤。　水

三石。

器具

缸一只。

製法

將黃精天門冬松針白尤枸杞等物。俱生同納鍋中。用水煮之一日去

渣以清汁浸麯如家釀法。酒熟取清便可供飲常飲主治百病而延年。

注意

心一堂　飲食文化經典文庫

天門冬須去心。

第二十節　紫金酒

材料

黃酒十斤。　木香五錢。　官桂五錢。　乳香五錢。　羌活五錢。　川芎一兩。　羊躑躅五錢。　末藥五錢。　延胡一兩。　紫金皮一兩。　丹皮一兩。　五茄皮一兩。　鬱金一兩。　烏藥一兩。

器具

罎一只。　絹袋一只。　瓶一箇。

製法

將上列各物。共研粗末。裝入袋中。用黃酒煮三小時。分裝十瓶。每飲三五杯。立見痛止若預飲此酒至跌傷時可不發痛。非但止痛並能治療百病。

第二十一節　強身祛傷藥酒

注意　兼治一切瘋氣、跌打損傷、寒濕疝氣、移傷定痛、血滯氣凝之類。

材料　黃酒一罈。當歸二兩。川芎五錢。赤芍八錢。丹皮一兩。青皮二兩。陳皮五錢。乳香二錢。桃仁一兩。山甲九錢。官桂一兩。麥芽五錢。山查一兩。甘草五錢。蘇木六錢、通草二錢。赤麯六錢。砂仁四錢。木耳五兩。胡桃肉四錢。

器具　大紹酒罈一只。絹袋一只。

製法　將上列各物。納入絹袋中。將袋再入酒罈之內浸之。用泥封口。月餘可飲。能強筋骨。

注意 治勞虛跌打內傷有奇效。

第二十二節　菖蒲酒

材料 菖蒲九節。　糯米五斗。　麯粉五斤。

器具 罎一只。

製法 將菖蒲搗汁。糯米蒸飯。同入麯粉內拌之使勻。乃放入罎中密封二十一日卽可開飲。溫服最宜。

注意

功能滋榮胃通血脉治風痺痿黃等症。

第二十三節　白朮酒

材料

白朮二十五斤。　東流水二石五斗。

器具

缸一只。　刀一把。　大盆一只。

製法

將白朮用刀切成薄片。以流水浸於缸中。約二十日。去其渣滓傾汁大盆中。夜露天井中五夜。汁盡變成血取以浸麴作酒取清服。亦能治百病。

注意

兼能生髮固齒順肺美容其功無量。

第二十四節　地黃酒

材料

肥大地黃一大斗。　糯米五升。　麴粉一大升。

器具

大盆一只。　罎一只。

製法

將地黃用刀切塊搗碎。再將糯米蒸飯麴粉研細。然後三物一併同入大盆中揉熟相勻傾入罎內泥封約二十餘日屆時開看上有一種綠液。是其精華先可取飲之。味頗甘美餘則用布絞汁收藏之。

注意

泥封時期。春夏約二十一日。秋冬須二十五日。

第二十五節　天門冬酒

材料

醇酒一斗。　麴粉一升。　糯米五升。　天門冬五升。

器具

缸一只。

製法

將天門冬煎汁用糯米淘淨浸之。再將醇酒浸麴粉。然後將米蒸飯候稍溫。用煎汁和飯令相投入缸中。春夏約七日。宜勤看勿令熱秋冬十日可熟飲之清香無比。

注意

天門冬熟新年喜麴米春香並舍聞此東坡詩也。其美可知。

第二十六節　山芋酒

材料

山芋一斤。　酥酒三兩。　蓮肉三兩。　冰片半分。

器具

酒壺一具。

製法

將山芋去皮，加酥酒蓮肉冰片等同研如彈丸。每酒一壺，投藥一二丸。即成。

注意

熱服有益衞生。

第二十七節　五香酒

材料

糯米五斗。　酒麴十五斤。　白糖十五斤。　燒酒三大罎。　檀香木香乳香川芎各一兩五錢。　丁香五錢。　人參四兩。　胡桃肉二百箇紅棗三升。

器具

缸一只。　吊酒器全副。　罎數只。

製法

將糯米先浸一宵上甑蒸熟攤開晾冷。再將酒麯碾細拌之極和置入缸中用蓋蓋之待其發微熱。加入白糖并加入燒酒檀香木香乳香川芎丁香人參胡桃肉紅棗等類將缸口封固勿使漏氣。每七日開打一次仍封至四十九日。上榨後再行吊之。另儲以罎盛滿封口即成。

注意

檀香木香乳香川芎丁香人參等物。各研細末。然後用之。

材料

第二十八節　建昌酒

糯米一石二斗。　水一石二斗。　花椒一兩。　白麴三斤。　紅麴一升。

白檀少許。

器具

缸一只。　小缸數只。　耙一箇。

製法

將糯米用水浸於缸內。中留一窩。另用糯米二斗。煮飯攤冷。作一團放窩內。蓋好。待二十餘日。飯浮漿酸。漉去浮飯。瀝乾浸米。先將米淘淨鋪於甑底。將濕米次第上去。米熟略攤氣冷。翻在缸內。取濕米漿八斗及花椒煎沸。取出待冷用白麴碾細。放入飯碗內。如天氣極冷。放暖處用草圍一宵。明日早將飯分作五處。每放小缸中。用紅麴一升白麴半升。取酵亦作五分。每分和前麴飯同拌勻。踏在缸內。將餘在熟甕打一次。仍蓋下。約一月。榨取澄清。併入白檀少許包裹泥定。頭糟用熟水隨意副入。多二宿便可榨。十二月一月熟。十一月正月廿日熟餘月不宜造。

第二十九節 香雪酒

材料

糯米一石。 白麴二十斤。

器具

缸一只。 扒一箇。

製法

先將糯米九斗。淘之極清。浸於缸中。米與水對充。水宜多一斗。再將糯米一斗淘淨。煮熟埋米上。草蓋覆缸口二十餘日。候浮先瀝飯殼次瀝。起米。待乾煮飯。然後用原米浸米水放下白麴拌勻米殼蒸熟放缸底。如天氣熱略出火氣拌勻後蓋缸口一日打頭扒去蓋半日打二扒如天氣酷熱須再出火氣三扒打絕仍蓋缸口。候熟卽成。

注意　米要白淘來清打得透爲上法。

第三十節　松花酒

材料　松花一升。　白酒一罎。

器具　罎一只。　絹袋一只。

製法　將松花研細盛入絹袋。在造白酒時投袋於罎之酒中。浸井中三日取出卽成。

注意　松花如鼠尾。三月間採取用之。

第三十一節　菊花酒

材料

菊花二斤。

器具

缸一只。

製法

將菊花去蒂揀淨後。置入糟內攪勻。次早榨。則味香清洌。

注意

薔薇蘭花桂花均可倣行之。

第三十二節　荷葉酒

材料

高粱酒一杯。　鮮荷葉一片

器具

杯一只。

製法

將高粱酒用鮮荷葉浸之不下三五分鐘卽成碧綠之色其色之鮮明當不亞於西洋酒也。

注意

此酒淸心消暑宜於夏季飲之。

第三十三節　桃源酒

材料

糯米一斗。　白麯二十兩。　水一斗。

器具

缸一只。　扒一箇。

製法

將糯米淘淨煮成爛飯。入籮攤之稍冷置入缸中。再將白麵切小塊入水浸胖投于缸中用扒攪之如糜粥待其發酵更傾入二斗米飯嘗之。再候發酵再傾入二斗米飯卽成。

注意

此酒製法。本自武陵桃源中得之。故名。

第三十四節　碧香酒

材料

糯米一斗。　白麵末二十兩。　水二十斤。

器具

缸一只。　罈一只。　桑皮紙三張。

製法

將糯米淘清浸於缸內。將一升煮飯加入白麴末四兩拌和之用篛埋所浸水內俟飯浮撈起。蒸九升米飯拌白麴末十六兩先將淨飯置入罎內次以浸米飯置罎內以原淘米漿水和入用紙四五層密封之春間數日而熟。

注意

天寒之時約一月而熟。

第三十五節　千里酒

材料

高粱燒五碗。　天仙子一兩。　管象二兩。　川烏一兩。　甘菊花三錢。陳皮五錢。　甘草一錢。　糯米一升。　麴粉一升。

器具

大瓶一箇。

製法

將糯米和高粱燒煮成薄粥候冷拌入以上藥末置瓶封固越二十一日取出用麨粉炒黃研末再一同煉蜜成丸外抹酥油油箔為衣用時投一丸於沸湯中卽成酒法至善也

注意

此法與茶甎性質相同編者以為不妨製成酒甎運遠似覺便利郵寄時亦可有志者曷不起而圖之

第三十六節　龍眼酒

材料

高粱酒三十斤。　龍眼肉三斤。　當歸半斤。　菊花半斤。　枸杞一斤。

白文冰一斤半

器具

罈一只。　蓋一箇。　絹袋一只。

製法

將龍眼肉當歸菊花枸杞白文冰等納入絹袋中。紮緊其口。移入酒罈中浸之。約三星期可飲。

注意

此酒有補脾養胃祛風明目等功效。

第三十七節　七星醋

材料

陳黃米五斗。　井水三担桶。

器具

罈一只。　桑皮紙三張。

製法

將陳黃米浸七日每日換水一次。至七日煮飯乘熱下罎撳平封閉勿令出氣第三日翻動至第七日再翻轉。然後傾入井水又封七日再攪再封至三星期卽成佳醋矣。

注意

在每年六月六日做之。

第三十八節　蘋菓醋

材料

蘋菓十只。　陳醋一杯。

器具

瓦罐一箇。　洋瓶一箇。　火漆少許。

製法

將蘋菓切碎。盛入瓦罐。加以陳醋嚴封其口。待其發酵二三月後撈去渣滓濾清裝於洋瓶中。用火漆封口。其味純美隨時可取食之。

注意

食餘之蘋菓皮及心。受多亦可製成。誠廢物利用之一也。

第三十九節　千里醋

材料

鎮江醋五升。　烏梅肉一斤。（中國藥店有出售）

器具

缽一箇。　盤一只。　瓶一箇。

製法

將鎮江醋盛於缽中。用烏梅肉浸之。時越一宵。取出晒於盤內。如是再浸再晒。以醋收盡爲止。然後碾爲細末。和麯餅製成丸。如梧桐子大。儲藏瓶中食時以一二丸浸湯中味勝醋精。

325

第四十節　懶婦醋

材料

粳糯米一斗。　麴餅一箇。　水一斗五升。

器具

罎一只。　桑皮紙三張。

製法

將粳糯米用籮淘淨。在秋社前一日。浸至次早正社日。入鍋煮飯攤冷籩中用麴餅碾細拌入飯內。置藏罎中下以清水用桑皮紙封固一月而熟第一次煎藏頭醋。第二次再煎沸水藏二醋。如是三次四次均可。

注意

麴餅宜先將醋浸濕。再行製丸。

第四十一節　紹興酒——花雕

材料

糯米一百斤。　酒藥二十兩。　酒麯一石五斗。　水二百八十至三百二十斤。

器具

大缸一只。　酒耙一箇。　草製缸蓋一箇。　吊酒器全副。　罎十數只。

製法

將糯米在立冬時候用清水浸於缸中。經二十日去其米汁。另以水淘淨三四次。將米置甑內蒸成飯。再用冷水濾過減其溫度。然後入缸內。加入酒藥酒麯淘米汁及清水。用酒耙攪勻。蓋以草蓋經二三日缸內

注意

麴餅在六月六日用小麥磨細和水拌好。每一升作餅一箇。風乾候用。

溫度漸高並發聲音見已發酵更用酒耙攪拌溫度高每日打十餘次。

溫度低每日打四五次。約不滿十日即起氣泡發出炭酸氣至百餘日.

氣盡乃將酒液榨過入錫鍋煎之去其浮起之雜物一俟沸騰藏入蒸

乾罈中。包以筍籜以泥密封二三十年乃成最優者年數愈多色發赤。

即市名所謂花雕也。

注意

紹興即黃酒。產自紹興故名。爲夏少康所發明。自古稱爲酒王其價值

可知。故他處釀造水須選醇厚無色味者爲上蓋紹興之所以佳在乎

鑑河之水之醇厚耳。

第十章　菓

第一節　烘山芋

材料

山芋五只。

器具

炭爐一只。　鐵絲架一箇。

製法

將山芋洗淨。放在鐵絲架上以火爐烘之。烘至皮黃焦時卽可食。味甚香甜。

注意

若放入灶內火灰裏亦熟。一名甘藷又名番薯。

第二節　烘毛荳

材料

毛荳二斤。　食鹽六兩。

器具

鍋一只。　爐一只。　鏟刀一把。　竹篩一只。　罐一箇。

製法

將毛荳子剝去其殼。取其子加食鹽清水入鍋煮之。乃熟鏟起盛於竹篩中去其水置爐上烘之。烘乾卽可藏於罐中色綠味佳

注意

本品較之燻青荳更爲嫩美。

第三節　煨蛋

材料

雞蛋二枚。

器具

腳爐一箇。　柴心二根。　銀針一根。

製法

將雞蛋之一端。用銀針觸破。成一小孔。以柴心一根插入。約半寸許。置入脚爐內煨之。熟則以柴心提起。如不落已熟乃破殼食之。味亦香美。

注意

冬日小兒常煨食之。

第四節　莧滷蛋

材料

雞蛋十枚。　莧菜滷一升。　五香料少許。

器具

鍋一只。　爐一只。　筷一雙。　碗一只。

製法

將雞蛋用清水煮半熟。敲碎其殼。放莧菜滷中煮之。煮數透卽成。用以下酒最佳。

注意

本蛋味較茶葉蛋為優。

第五節　芥滷荳

材料

芥菜滷二升。　黃荳一升。　香料少許。

器具

鍋一只。　爐一只。　鑱刀一把。　碗一只。

製法

將莧菜滷傾入鍋中沸之去其上層之汚。再將黃荳洗淨。倒入同煮。下以香料以煎乾為度味極佳。

注意

本荳亦為下粥佳品。

第六節　風荸薺

材料

嫩荸薺五斤。

器具

竹籃一只。

製法

將新鮮嫩荸薺洗淨置竹籃中。懸於通風處。日久取食鮮甜可口。

注意

鮮菱亦可以風乾食之。

第七節　巧菓

材料

糯米粉二升。　菜油一斤。　白糖半斤。（或用食鹽葱屑亦可）　黑芝蔴（或白）二合。　小粉少許。

器具

鍋一只。　爐一只。　棍一條。　厨刀一把。　剪刀一把。　爪籬一把。

飯桶一只。

製法

將糯米粉白糖以溫水拌和入鍋蒸熟。取出稍冷。用芝蔴小粉搯爽以棍打薄厨刀切成方塊。對摺成三角形用剪刀向中角剪開成數條邊上不可剪穿。然後以中間二角向中縫穿過。對合搯緊。再以二端相合搯緊即成。做畢晒乾入滾油鍋煎透見黃撈起稍冷食之味甚鬆脆。

注意

巧菓一名粉巧。俗稱烤菓吾鄉又稱花籃形象不一。有如花朶者。有如鳥獸者。有如龍蛇者。皆七巧日之巧菓也。

材料

麪粉二升。　黃糖六兩。　芝蔴二合。　小粉少許。

器具

鍋一只。　爐一只。　棍一條。　厨刀一把。　剪刀一把。　爪籬一把。

飯桶一只。

製法

將黃糖烊成汁水。和麪粉芝蔴一同拌之。攤在檯上。用棍打之至薄爲度。用厨刀切成長方塊。對摺剪成四條。用左手大拇指食指拿住中間二條。右手取着一端串入取出。遂搯住兩端搯成西裝短領結狀。乃入油鍋氽之。黃熟乃佳。

注意

蕨葉亦曰麩巧以上兩種摺法複雜皆由白髮祖母爲余述者祖母李年已七十有五精神矍鑠今尙健在

第九節　棉線煨蛋

材料

雞蛋一枚。

器具

棉紗線一根。

製法

將棉紗線在雞蛋上橫纏數匝。置灶內火灰中煨之。至熟不破線亦不斷。香味頗佳。

注意

蛋以新鮮爲衛生。檢查新陳之法。視其蛋端空隙處甚小。或竟無之爲新。陳者則隙大。愈陳則愈大。若其空隙處與煮熟蛋之空隙等大則已不堪用矣。

第十節　鹹烤杏仁

材料

杏仁半斤。　食鹽半兩。

器具

鍋一只。　爐一只。　鏟刀一把。　瓶一筒。

製法

將杏仁先投水中。然後撈入鍋中。用食鹽加文火炒之。片時起出再投水內。復加食鹽平鋪鍋內。加熱至微黃將杏仁撈入再炒烘乾盛起稍冷藏於瓶中食之香脆。

注意

鹹烤花生米法同。

第十一節　鮮荔枝羹

材料

鮮荔枝二十箇。　白糖四兩。　桂花少許。

器具

鍋一只。　爐一只。　鑽刀一把。　碗一只。

製法

將鮮荔枝脫殼。然後入鍋加清水白糖煎之。煎至稀糊狀。再加桂花少時可食。

注意

鮮荔枝羹鮮甜逾於桂花栗子。惟多食易發熱而鼻齒出血。

第十二節　香蕉羹

心一堂　飲食文化經典文庫

材料

芝蔴香蕉三只。　玉盆糖半兩。　木樨醬少許。

器具

鍋一只。　爐一只。　碗一只。

製法

將香蕉去皮心用刀切成細屑入鍋加水煮沸再行放下玉盆糖木樨醬雲時可食。

注意

生香蕉味發酸忌用。

第十三節　蘋菓羹

材料

蘋菓四只。　玉盆糖半兩。　木樨醬眞粉少許。

器具

鍋一只。　爐一只。　碗一只。

製法

將蘋菓去皮核煮滾。用玉盆糖木樨醬眞粉煮成膩食之味頗甜美。

注意

用香橙檳榔等味亦美。

第十四節　薄荷漿

材料

薄荷湯一大碗。　甜杏仁一杯。　玉盆糖半兩。　木樨醬半匙。

器具

鍋一只。　爐一只。　碗一只。

製法

將杏仁搗爛沖水成漿即行倒入鍋中同薄荷湯煮之見已發膩加下玉盆糖木樨醬煮一透即可盛碗用匙食之

注意

食之清涼益神。

第十五節　炸菊片

材料

闊瓣菊花八朵。　玉盆糖半兩。　乾麪半杯。　油六兩。

器具

油鍋一只。　碗一只。　盆一只。

製法

將菊花去蒂取其闊瓣洗淨。即將油鍋燒熱。再將玉盆糖乾麪用水拌成漿。然後以菊瓣黏麪漿入油鍋炸片時即成。

注意

煮熱食之益為香脆。

第十六節 荸薺羹

材料

荸薺八箇。 雪梨半只。 文冰半兩。 木樨醬少許。 眞粉一盅。

器具

鍋一只。 爐一只。 刀一把。 碗一只。

製法

將荸薺雪梨用刀去皮再切成薄片入鍋煮之待透加以文冰木樨醬二透放下眞粉漿霎時可食。

注意

荸薺以嫩為佳。

第十七節 炸桃片

材料

胡桃片二斤。　白糖一斤。　油二斤

器具

油鍋一只。　爪籬一把。　磁缸一只。

製法

將桃片用麩皮同炒。將衣脫去。然後將油鍋燒沸。倒下桃片炸之。俟黃撈起漏去油質。速入磁缸內拌以白糖。使遍滿爲佳。

注意

焦鹽桃片。其味亦妙

第十八節 榛栗凍

材料

三四四

榛栗二十箇。　青梅露半杯。　文冰半兩。　木樨醬半匙。

器具

鍋一只。　爐一只。　刀一把　碗一只。

製法

將榛栗用熱水去衣。卽可入鍋煮之。加以青梅露及冰糖。起鍋時另加木樨醬食之易助消化並能醒酒。

注意

剝皮須快。否則不易脱去。

家庭食譜四編終

素食養生論

孫轄公 楊章父 譯　一冊　一角半

是卷以日人山崎今朝彌所述，北美總統羅斯福之衞生顧問開洛克之『食物養生實驗談』爲本。都八章。諸凡養生之道，及素食之所以主張等，均據生理哲學，闡精抉微，不遺餘蘊，爲攝生者之要書。

中華書局發行

家庭食譜四編（全一冊）

△定價銀八角

（外埠另加郵匯費）

民國十五年十月印刷
民國十五年十月發行
民國十八年十月三版

編　者　　常熟時希聖

發行者　　中華書局

印刷者　　中華書局
上海靜安寺路二七七號

印刷所　　中華書局

總發行所　上海棋盤街　中華書局

北平　天津　張家口、邢台　保定
濟南　青島　太原　開封、西安　成都
重慶　長沙　常德　蘭州
九江　安慶　衡州　漢口　沙市　南昌
贛州　廈門　廣州　南京　徐州　杭州
貴州　汕頭　潮州　梧州　雲南
遼寧　吉林　長春　新加坡

分發行所

（四五二五）

家庭食譜四編

書名：家庭食譜四編
系列：心一堂・飲食文化經典文庫
原著：【民國】時希聖
主編・責任編輯：陳劍聰

出版：心一堂有限公司
通訊地址：香港九龍旺角彌敦道六一〇號荷李活商業中心十八樓〇五一〇六室
深港讀者服務中心：中國深圳市羅湖區立新路六號羅湖商業大廈負一層〇〇八室
電話號碼：(852) 9027-7110
網址：publish.sunyata.cc
淘宝店地址：https://sunyata.taobao.com
微店地址： https://weidian.com/s/1212826297
臉書： https://www.facebook.com/sunyatabook
讀者論壇： http://bbs.sunyata.cc

香港發行：香港聯合書刊物流有限公司
地址：香港新界荃灣德士古道220～248號荃灣工業中心16樓
電話號碼：(852) 2150-2100
傳真號碼：(852) 2407-3062
電郵：info@suplogistics.com.hk
網址：http://www.suplogistics.com.hk

台灣發行：秀威資訊科技股份有限公司
地址：台灣台北市內湖區瑞光路七十六巷六十五號一樓
電話號碼：+886-2-2796-3638
傳真號碼：+886-2-2796-1377
網絡書店：www.bodbooks.com.tw
心一堂台灣秀威書店讀者服務中心：
地址：台灣台北市中山區松江路二〇九號1樓
電話號碼：+886-2-2518-0207
傳真號碼：+886-2-2518-0778
網址：http://www.govbooks.com.tw

中國大陸發行　零售：深圳心一堂文化傳播有限公司
深圳地址：深圳市羅湖區立新路六號羅湖商業大廈負一層008室
電話號碼：(86) 0755-82224934

版次：二零二零年十二月初版，平裝

心一堂微店二維碼　　心一堂淘寶店二維碼

定價：　港幣　　　一百五十八元正
　　　　新台幣　　五百九十八元正

國際書號 ISBN 978-988-8583-56-0